咖啡烘焙
烘豆基础手册

THE COFFEE ROASTER'S COMPANION

［美］斯科特·拉奥 著

胡元正 译

中信出版集团｜北京

图书在版编目（CIP）数据

咖啡烘焙：烘豆基础手册 /（美）斯科特·拉奥著；
胡元正译 . —北京：中信出版社，2022.7（2024.7 重印）
书名原文：The Coffee Roaster's Companion
ISBN 978-7-5217-4326-5

Ⅰ . ①咖… Ⅱ . ①斯… ②胡… Ⅲ . ①咖啡－烘焙－
手册 Ⅳ . ① TS273-62

中国版本图书馆 CIP 数据核字（2022）第 079256 号

咖啡烘焙：烘豆基础手册

著　　者：[美]斯科特·拉奥
译　　者：胡元正
出版发行：中信出版集团股份有限公司
　　　　　（北京市朝阳区东三环北路 27 号嘉铭中心　邮编　100020）
承 印 者：北京盛通印刷股份有限公司

开　　本：787mm×1092mm 1/16　　印　　张：11.5　　字　　数：145 千字
版　　次：2022 年 7 月第 1 版　　印　　次：2024 年 7 月第 5 次印刷
京权图字：01-2022-2153
书　　号：ISBN 978-7-5217-4326-5
定　　价：88.00 元

没有理论的经验是盲目的，
但没有经验积累的理论就仅是益智游戏而已。

改述自伊曼努尔·康德
（Immanuel Kant）

目　录

Contents

第一章

为什么要烘焙咖啡豆
Why We Roast Coffee Beans

第二章

咖啡生豆化学
Green-Coffee Chemistry

第三章
咖啡生豆后制与储存
Green-Coffee Processing and Storage 011

第四章
烘焙中的物理变化
Physical Changes During Roasting 021

第五章
烘焙化学
Roasting Chemistry 033

第六章
咖啡烘焙中的热转移
Heat Transfer in Coffee Roasting 041

第七章
烘豆机的设计
Roasting Machine Designs …………………… 047

第八章
烘焙的进程
Progression of a Roast …………………………… 057

第十一章
掌控一致性
Mastering Consistency

第十二章
测量烘焙成果
Measuring Results

第十三章
样本烘焙

第十四章
杯测

译者序

翻译斯科特·拉奥的烘焙著作,是我职业生涯中的一座里程碑。2008 年时,我尚未入行,在美国拜读了他的第一本著作《专业咖啡师手册》(*The Professional Barista's Handbook*),对书中的观点大为折服,也因此造访了马萨诸塞州他创立但当时已离开的咖啡馆。那时我就觉得值得将他的著作转译成中文,以供咖啡从业者与爱好者参考。奈何当年精品咖啡正当起步,尚不足以吸引出版社发行这类书籍。如今我已从事咖啡烘焙十余年,对国际咖啡烘焙行业也有所认知,所以一收到中信出版的翻译邀请,我就觉得一定要做这件事。

翻译与阅读这本书,是全然不同的两件事:过往阅读时,是即刻将书中提到的概念与自己的理论知识和实务做比对,思考如何补强并应用在自己的烘焙体系架构上。然而在翻译时,我关注的是斯科特如此写作背后的用意,以及他是如何形成这样的立论的。这让我忍不住参阅大量研究资料,收获颇丰,并在此与读者分享。书中内容与批注偶有需要进一步厘清之处,我有增附译注于其中,希冀借由如此说明帮助读者理解,仍能不失作者原意。

斯科特有着深厚的实务烘焙功底,其背后是扎实的理论基础。更可贵的是,他不仅专精于烘焙,对咖啡的萃取也有精辟见解。因此自下而上再评估烘焙产品时,其观点会更贴近咖啡店面与消费者。这本《咖啡烘焙:烘豆基础手册》详述了很多实务建议与烘焙原则,全书架构十分适合咖啡爱好者与从事者快速理解并吸收必备的咖啡烘焙知识,加上非常实用的操作建议以及简单的计算，是建立咖啡烘焙场所的必备书籍。从我的理解，第九章中提到的**烘焙量与烘豆机热效率的计算**，是烘豆师**最应该理解并加以运用的**。近年来，国内精品咖啡烘焙蓬勃发展，咖啡品项繁多，轮动快速，在这样快节奏的产品转换的市场特性下，**如何维持批次间的烘焙一致性以及保持产品各自的特性，将是咖啡产业更上层楼的关键。**

　　本书成书于 2014 年，其内容历久弥新，极具参考价值，在如今烘焙实务与理论信息大爆发的时代，仍能给人以启发，是咖啡烘焙爱好者与专业烘焙者必备的参考图书。

胡元正

致谢

　　我要向协助本书诞生的几位才华横溢的人士致谢。若不是莱恩·布朗（Ryan Brown）的协助，我是无法完成咖啡生豆章节的撰写的。本书绝大部分关于咖啡生豆的信息都得益于莱恩的耐心指引及其在咖啡生豆方面广博的知识。

　　感谢安迪·柴克特（Andy Schecter）、理奇·涅托（Rich Nieto）、伊恩·列文（Ian Levine）、马克·威尼克（Mark Winick）、丽兹·克莱顿（Liz Clayton）与文斯·费德烈（Vince Fedele）对本书初稿的编辑及其提供的宝贵反馈意见。艾瑞克·史温森（Eric Svendson）与亨利·史瓦兹伯格（Henry Schartzberg）慷慨地提供了他们对热电偶的专业意见。丽兹·克莱顿为本书拍摄了优美的照片，并对本书的编辑提供了极富洞见的反馈意见。另要感谢珍宁·艾尼可（Janine Aniko）将我粗略的草图转化为专业的图表。

　　芮贝卡·奈马克（Rebecca Neimark）完成了本书美观大方的设计与排版工作。尚·季默（Jean Zimmer）是我的编辑兼教练，帮我清除了充斥全文的陈腔滥调，让我看上去是一位比真实的我更棒的写作者。若是没有两位的协助，我无法想象如何能让本书付梓。

　　詹姆士·马科特（James Marcotte）杰出地烘焙出精彩的咖啡，让我在二十多年前成为咖啡爱好者，他也树立了此后极少有烘豆师能企及的标杆。

序言

　　咖啡烘焙一直以来都被视为某类暗黑艺术。虽然我们已经烘焙咖啡数百年之久，但关于烘焙的阐述或是科学性的著作却很少。最好的状况下，烘豆师能通过跟随有经验和能力的烘豆师学习而习得烘焙技艺。但大部分的年轻烘豆师都是通过试错学习，反复地烘焙、杯测无数次之后，基于口耳相传与一些不实论点而建立自己的烘焙体系。

　　我烘焙生涯的前十年迷失于反复试错的迷宫里，虽然我因此获得了一些进展，但也往往处于进两步退一步的模式中。我急切地想要替我的烘焙信仰找到合理的依据——一种可以在盲测中自证并可应用于所有咖啡生豆与烘豆机的立论。

　　在拥有两家咖啡烘焙公司后，我很幸运地成为许多烘焙商的顾问。顾问咨询的工作使我有机会使用许多不同的**咖啡烘焙机**（coffee-roasting machine），并见识了各式烘焙与品鉴的策略方式。在我部分的顾问工作中，我常常需要花费大量时间分析烘焙数据，好帮助我的客户将烘焙的最佳策略加以量化。大约 6 年前[①]，我开始注意到不管是什么咖啡豆或是烘豆机，那些罕见的优秀烘焙批次的数据都呈现出共同的数据模式。我已经花费过去 6 年的时间对这些模式加以测试并优化，而成果就是我在本书中所呈现的系统基础。

　　我当然不敢说我已找到全部的答案，甚至谈不上找到大部分的答案。

---

① 为 2007—2008 年间，本书原书出版于 2014 年。——译者注

尽管我仍不谙烘焙之道，但我将通过本书提供一些关于如何系统性地进行咖啡烘焙的想法，并以此开启延迟已久的讨论。仅仅是想提倡烘焙应系统化并客观地以循证实践的方式进行，这样的讲法就必然会冒犯到一些咖啡专家。许多咖啡烘焙师相信自己具有对烘焙特殊的"感应"，这种感应才是让他们的咖啡烘焙作品优秀的原因。然而，随着近年科技的进步，我们测量**烘焙发展**（development）与一致性的能力已经得到提升，而这些往往是直觉型烘焙师所欠缺的。

烘焙师通过使用烘焙数据记录软件及**咖啡浓度计**（refractometer)这些强有力的新工具来追踪烘焙过程并测量烘焙结果，这使得烘焙的过程越发地可被预测并有着良好的一致性。我必须承认，我其实怀念着过往无数次在烘焙中手动调整烘豆机并在记录本上奋力匆匆写下注记的经历，还有每烘一批次就得在烘豆机与记录本之间折返 50 次的浪漫。仅仅看着计算机屏幕上的**烘焙曲线**（roast profile）进展就是少了那种用老方法烘焙带来的刻骨铭心的感觉。不过我不是为了自娱自乐而烘焙咖啡，我是为了给顾客带来最美味的咖啡而烘焙。在极少数情况下，当我能让自己静静地坐着享受一杯咖啡时，我会由衷地感激这样的烘焙成果。

简介

　　本书意在为所有烘焙者提供参考，无论您是新手还是专业烘豆师。根据我的目的，我将聚焦于使用**滚筒式烘豆机**（drum roaster）对**精品咖啡**（specialty coffee）进行的为时 8 ～ 16 分钟的**浅烘焙**（light roast）到**中烘焙**（medium roast）。我将讨论的大部分内容也可适用于**连续式烘豆机**（continuous roaster）、**高产能烘豆机**（high-yield roaster）与**浮动床式烘豆机**（fluid-bed roaster）等机器以及其他烘焙技术，但我不会经常直接提到这些烘豆机。

　　我恳切希望读者能够研读全书，而非仅专注于"如何烘焙"的章节。我之前几本书的经验告诉我，如果读者仅选择性地阅读吸引自己的章节，终究会造成全局观的缺失，导致误用一些建议。我会将文中一些大家可能不熟悉的字眼以粗体标示，并在书后的词汇表中给出解释和定义。

第一章

为什么要烘焙咖啡豆

Why We Roast
Coffee Beans

·1·

　　咖啡豆是咖啡树果实中的种子，一个**咖啡果实**（cherry）中一般有两颗以扁平面彼此相对的咖啡豆。浸泡于热水中的咖啡生豆仅能释放出些许可能被视为与咖啡相关的**味道**（taste）与**香气**（aroma）。

　　烘焙咖啡生豆可创造无数的化学变化，产生或分解数以千计的化合物。而烘豆师期待咖啡熟豆被研磨并浸泡于热水中时能散发出优美的**风味**（flavor）。在烘焙造成的诸多效应中，咖啡豆会因此：

- ·颜色自绿转黄，再从黄褐色转为棕色，最后成为黑色。
- ·体积增加将近一倍。
- ·密度下降一半。
- ·甜味随着烘焙度先增后减。
- ·**酸质**（acidity）上升很多。
- ·发展出超过 800 种香气物质。
- ·在释放水蒸气与高压气体时发出响亮的爆裂声。

　　烘焙的首要目的就是使咖啡风味的**可溶性化合物**（soluble chemistry）之特性最佳化。咖啡中的可溶性固体构成了冲煮后咖啡的味道，而溶解的**挥发性香气化合物**（volatile aromatic compound）与油脂会呈现出咖啡的香气 [20]。可溶性固体、油脂与大多因咖啡豆**纤维素**（cellulose）断裂形成的悬浮颗粒决定了咖啡液体的**醇厚度**（body）[20]。

摘取完全成熟的咖啡果实，让甜感与酸质得以最大化，是非常重要的

咖啡豆为果实内部的果胶黏液所包覆

第二章

咖啡生豆化学

Green-Coffee Chemistry

· **2** ·

咖啡生豆是质地致密的绿色种子，含有约占总重一半的各式碳水化合物，另一半则由水分、蛋白质、脂肪、酸与**生物碱**（alkaloid）组成。烘焙师无须了解许多生豆化学便能烘出美味的咖啡，但为使读者熟悉咖啡生豆的主要成分，我在此做如下总结。

结构

咖啡生豆的结构是三维立体的纤维素，或称多糖类的基质，其中含有约 100 万个细胞。基质中这些成束的纤维素上覆盖着数以百计的化合物，这些化合物将在烘焙过程中转化为能决定冲煮后咖啡风味的油脂与可溶物。咖啡生豆的纤维素含量是其干重的一半，其自身对咖啡风味的贡献不多，但可让一些挥发性物质附着于其上，从而对咖啡香气有所贡献。另外，纤维素可以增加冲煮后咖啡液体的黏稠度，并以此增加咖啡的醇厚度。

糖类

主要的糖类为蔗糖，占咖啡生豆干重的 6% ~ 9%[①]，为咖啡液体提供甜味。蔗糖对酸质的发展有所贡献，因为在咖啡烘焙的**焦糖化反应**（caramelization）中，蔗糖会产生醋酸。

脂质

咖啡生豆的脂质主要为三酸甘油，约占其干重的 16%[5]。虽然脂质是非水溶性的物质，但冲煮出来的咖啡液体仍然会含有脂质，尤其当冲煮方式不采取过滤［例如**杯测**（cupping）］或采取多孔过滤（例如意式浓缩咖啡、法压壶以及金属或布质的滤杯）时。脂质在咖啡液中能起到留存香气与提升**口感**（mouthfeel）的作用。一般而言，品质较佳的咖啡生豆往往会有较高的脂质含量[3]。脂质的存在同时也有可能带来负面感受，因其在熟豆储存时易于氧化而酸败。

蛋白质

蛋白质与游离氨基酸占咖啡生豆干重的 10% ~ 13%[3]。在烘焙时，咖啡生豆中的氨基酸与**还原糖**（reducing sugar）会进行非酶促褐变反应，即**美拉德反应**（Maillard reaction）。这种反应会产生糖胺与类黑色素等物质[18]，这些化合物会带来又苦又甜的风味、棕褐的颜色，以及烘烤、肉类与煎焙的香气。

[①] 此处提供的咖啡生豆成分数据仅适用于阿拉比卡咖啡（Coffea arabica）。**罗布斯塔咖啡**（Coffea robusta/Coffea canepfora）或其他种类的咖啡生豆成分与阿拉比卡咖啡有所不同，有时会有显著差异。——作者注（如无特别说明，本书脚注均为作者注）

生物碱：咖啡因与葫芦巴碱

咖啡因（caffeine）与葫芦巴碱（trigonelline）这两种生物碱各占生豆干重的约 1% [①]，是为许多咖啡带来苦味（bitterness）与兴奋性的物质。咖啡因产生的苦味约占咖啡总苦味的 10%，却是主要的兴奋性刺激的来源。咖啡树产生咖啡因是为了抵抗昆虫的啃食[7]。所以，种植于高海拔地区的咖啡树可能会产出咖啡因含量较低的果实，因其遭受昆虫攻击的风险较低。

葫芦巴碱可能是咖啡苦味的最大贡献者[②]，在烘焙过程中可产生许多咖啡香气物质，并降解形成吡啶（pyridine）与烟酸（nicotinic acid）。烟酸也就是维生素 B_3。仅一杯 200 毫升的冲煮咖啡，根据其烘焙度的高低，就含有 20 ~ 80 毫克的烟酸[26]。它可能与研究文献提到的咖啡的抗龋齿功效有关[25]。

含水率

在理想状况下，咖啡生豆的含水率应在 10.5% ~ 11.5% 之间。若是含水率过低，生豆通常会褪色，并且烘焙出的咖啡会带有干草或麦秆味。烘焙师在烘焙低含水率生豆的过程中需要十分注意热能的供应，因为低含水率豆子的烘焙进程会过快。若是咖啡生豆的含水率远高于 12%，生豆便极有可能开始生霉，这样的咖啡烘焙后会带有青草味。生豆中的水

[①] 生豆中的咖啡因含量主要根据树种不同而有所差异，阿拉比卡咖啡的咖啡因含量约为 1.2%，而罗布斯塔咖啡约为 2.2%。——译者注

[②] The Craft and Science of Coffee 一书第 284 页指出，目前研究显示，除了咖啡因，绿原酸内酯（CGA lactones）、苯基林丹（phenylindanes）与二酮哌嗪（diketopiperazines, DKPs）也是主要的苦味来源。——译者注

分会减缓热能的传递 [8]，需要额外的热量输入以蒸发水分，因此，额外的能量需求需要以延长烘焙时间和／或增加烘焙火力的方式满足。[①]

有机酸

咖啡生豆里的**有机酸**（organic acid）主要是**绿原酸**（chlorogenic acid），占生豆干重的 7% ~ 10%。绿原酸对咖啡的酸度、酸味、**涩味**（astringency）与苦味皆有贡献。罗布斯塔咖啡具有明显较高的苦味，很可能与其含有较高的绿原酸相关。对咖啡豆与咖啡消费者而言，绿原酸还有抗氧化的功效 [38]。咖啡中含有的其他有机酸包括柠檬酸、奎宁酸、咖啡酸、苹果酸、醋酸以及甲酸。

气体与香气

挥发性芳香物质为咖啡提供了香气。咖啡生豆含有超过 200 种挥发性物质，但是香气微弱。通过烘焙的过程，咖啡豆可释放出大量主要的咖啡香气。目前，研究人员已经从咖啡熟豆中鉴定出超过 800 种挥发性物质 [8]。

[①]　此处作者根据参考文献 8 第 58 页原文指称，水分在咖啡生豆中会减缓热能传递。因为该参考文献图八显示，含水率越低咖啡豆温度上升越快，故水分会减缓烘焙进程。而引用文献中所称的减缓热能传递应为误解或并未清楚解释。高含水率的咖啡豆因为具有较高的热传导系数，咖啡豆内热能的传递其实有更高的效率。——译者注

第三章

咖啡生豆后制与储存

Green-Coffee Processing and Storage

·3·

本章是与
莱恩·布朗共同撰写的

咖啡果实采收后的处理方式不只会影响咖啡的品质，也会影响咖啡的烘焙方式。后制处理一旦完成，烘焙师就一定要谨慎掌控包装与储存条件，以防咖啡生豆在烘焙前品质下降。

主要处理方法

精品咖啡的后制处理方法主要分为水洗（washed）、日晒（natural）、去皮日晒（pulped natural）三种。

水洗法

这种处理方法包括了以下几个步骤：

1. 移除咖啡果实的外皮。

2. 以发酵或是机械刮除的方式移去黏液层。

3. 以水冲洗，将分解松脱的黏液去除。

4. 将带有内果皮（parchment）的咖啡豆机械干燥 1 ~ 2 天，或日晒干燥 3 ~ 16 天。

日晒法

这种处理方法是让咖啡果实在树上完全或部分干燥后再采收并去除果壳，也可于果实成熟时即进行采收，然后于干燥后去除果壳。

去皮日晒法

在去皮日晒法的过程中，咖啡果实在移除果皮后保留着完整的黏液果胶层时干燥。与传统的日晒法相比，这样的后制处理会带来更多甜味和更干净的杯中风味。

与日晒法相比，水洗法制成的咖啡在品质上更干净，酸质更高，均一性更好，且一般售价更高。经过水洗法处理的咖啡生豆密度往往更大，从而需要使用更强力的烘焙方法。日晒处理的过程可长达数周，相较于水洗处理，制成的咖啡会有较低的酸质、较高的醇厚度以及较重的土味。采收时为旱季的咖啡产区常常采用日晒处理法，因其用水需求远低于水洗法。日晒法生豆在烘焙过程中较容易产生烧伤，所以烘焙日晒豆时应当采用较低的**投豆温度**（charge temperature）和火力设定。

生豆储藏

直至近年，咖啡生豆一直都被装在**麻布袋**（burlap）中并以集装箱运输，在后制处理完成后，往往需数月方能交至烘豆商手中。烘豆商与进口商常常会遇到的状况是，在原产地对咖啡进行杯测，也许还对装运前的样本进行杯测与核准，收到的却是被储存或运输时的恶劣环境搞砸的咖啡豆。

最近十来年，一些注重品质的小型烘焙商已经带头发起了生豆包装与运输的革命。许多烘焙公司，甚至最小的那些，现在都开始直接向农民购买生豆，与其分享杯测与生豆分级的资讯，并要求使用能够确保品质的保鲜包装进行快速运输。与价格不断上涨的精品咖啡相比，包装费用虽然高昂，但仍然合理。

以下是现行包装生豆的主要选项：

麻布袋是咖啡生豆包装运输最为普遍、经济的选项。其材质既便宜又是可再生资源，使用时不需要特殊技术与设备，只需现行咖啡干处理厂（dry mill）①或出口运行的基本设施即可。但麻布袋无法阻隔外来湿气与异味的侵袭，因此，袋中生豆的品质容易在储运过程中受到损害。

真空密封（vacuum sealing）是现行最佳的生豆包装方式，可有效阻隔湿气、异味与氧气，明显降低生豆的**呼吸作用**（respiration）速率，从而减缓生豆的老化。在真空密封之前，应谨慎针对生豆进行**水活度**（water activity, a_w）测量与管理，以避免储存时滋生霉菌。真空密封包装每磅生豆需花费 0.15 ~ 0.25 美元（每千克 0.45 ~ 0.75 欧元②），并且需要使用特殊的设备与技术，因此常常延迟生豆的交运，所以，这种包装方式仍有一定的成本与风险。

GrainPro 与其他**气密**（hermetically）袋皆可阻隔外界的湿气与异味，比真空密封廉价且易于使用。相较麻袋而言，GrainPro 袋的保鲜效果有显著提升，但与真空密封相比，有效期可能仅有其一半。其费用约为每磅生豆 0.05 ~ 0.1 美元（每千克 0.15 ~ 0.3 欧元），对重视生豆品质的烘豆商而言，这是最佳的务实选择。和真空密封一样，为了防止霉菌及其他微生物在储存时滋生，在将生豆封装于 GrainPro 之前先测量并确认生豆的水活度非常重要。

---

① 干处理厂指将干燥完成的带壳生豆或干果加工处理成咖啡生豆的设施，其步骤大致包括清洁与去除异物、脱壳、抛光、分级与筛选、包装等。——译者注
② 按照本书出版时的美元兑欧元汇率计算，下同。——编者注

麻布袋是包装并运输咖啡生豆最经济的选项

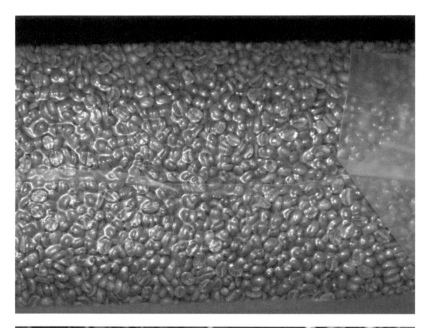

真空密封袋（上）与 GrainPro 气密袋（下）都能保护咖啡生豆免受湿气与异味的影响

冷冻包装（也就是将生豆以真空密封后，储存于零度以下的环境）可近乎完美地保存风味达数年之久。一些烘豆商会将特殊批次的生豆冷冻保存，并在其后数年作为"优质年份"咖啡贩售，但目前消费者对此类产品的需求并不高。冷冻能让存放五年的生豆尝起来与上月采收的无异，尽管这体验令人印象深刻，但实在耗费甚巨，甚至算得上是浪费。不过，在极端高温下，短短几天就足以毁损多数生豆的品质，因此冷冻仍然是于炎热气候下值得考虑的方案。

无论选择什么包装方式，烘焙商都应想方设法让仓库的储藏环境维持全年稳定。过于温暖或潮湿的环境，或是离地较高的储存区域（其温度会比预期的高），或是储存位置过于接近高温的烘豆机，都很可能造成生豆品质下降。

水活度与含水率

水活度这一测量数据用以表示咖啡豆或其他食品所含干物质与水分子的结合强度。（请参见书后的词汇表，会有更详尽的专业技术定义。）水活度数值能显示出水分子移动进出咖啡豆的活跃程度，从而进一步影响生豆与储存环境的互动程度，也由此决定了生豆品质下降的速度。

含水率指的是咖啡豆中水分重量的百分比，所以，水活度与含水率的意义不同，但两者之间存在关联性。不过，当含水率超过 12% 时，这种关联性会开始降低。这两种数据都会影响咖啡产品的品质，以及生豆储存时品质衰败的速度与微生物滋长的风险。

我并不清楚在正规研究中水活度程度与咖啡品质最有相关性的区间在哪里。但非正式地征询了我敬服的生豆进口商与买家之后，我建议适合的水活度数值范围应介于 0.53 ～ 0.59 之间。合适的生豆含水率区

水活度与含水率之间的关系（哥伦比亚样本，2013 年）

本图显示，当生豆含水率超过 12% 时，水活度与含水率的关联性即开始丧失

资料来源：此图经 Virmax Cafe 慨允重制

间与品质的关系则已有结论，依据个人经验，烘焙商应取得含水率介于10.5% ~ 11.5% 的生豆。选择含水率与水活度在上述区间的生豆并将其储存于稳定的环境中（20 ~ 22 摄氏度且相对湿度为 45% ~ 50%），是提供最稳定生豆品质的保存条件。密封于气密包装中的生豆在较低的储藏温度下品质较佳，但应于烘焙前数天移至室温下回温。

当季

近年来有些烘豆商强调仅提供"当季"咖啡，但正如咖啡业内的许多事一样，对于何谓"当季"，人们一直没有达成共识。有些人认为所谓的当季生豆就是最近期采收的生豆，也有些人认为自采收后一定时段内的生豆都可称为当季生豆，但对于时段长短说法各异。

我的朋友莱恩·布朗是一名生豆采购专家，在此，我用他的话提供一则对"当季"的定义："我们之所以在意生豆是否为当季，是因为我们在意咖啡的品质。只要咖啡能够展现活泼的特质，具有完整的酸质结构，并且毫无陈腐迹象（比如纸味、麻袋味、干涩感或是有机物质流失的风味等），此生豆即可被视为当季生豆。实在不需要更多复杂的定义了。"

第四章

烘焙中的
物理变化

Physical Changes
During Roasting

烘焙会让咖啡豆改变颜色，失去水分，体积膨胀且质地变脆。虽然所有的专家都会依据咖啡烘焙后的颜色标示烘焙程度，但业界对这些名称到底对应着什么烘焙度其实一直没有达成共识。

颜色变化

烘焙的第一个阶段被通称为"脱水期"——虽然在整个烘焙过程中，水分丧失的速度是类似的。在开始烘焙的前几分钟，生豆的叶绿素开始分解，导致颜色由绿转黄。而当烘焙继续进行，发生美拉德反应之后，颜色会由黄色转为黄棕色，再转为浅褐色。烘焙进程再往后，接近**一爆**（first crack）时，焦糖化反应会加深褐变的程度。在深烘焙的阶段，咖啡的颜色可能会因**碳化**（carbonization）而由褐色转为黑色。

传统烘焙度定义

右页的照片是在**法式烘焙**（French roast）的过程中每间隔一分钟拍摄一次而成。

相较于**深烘焙**（dark roast）咖啡，浅烘焙会让咖啡呈现出花果风味，带来较多的酸质与细致的香气，但醇厚度较低。深烘焙则会让咖啡发展出烟熏与**刺鼻辛香**（pungent），带有苦味和碳化风味。若是将咖啡

在烘焙过程中，咖啡豆的颜色会由绿转黄，再至浅棕与褐色。若是烘得很深，颜色会是黑色。目前并未有统一的烘焙度命名系统，甲之"浅烘焙"可能是乙之"深城市烘焙"

烘到极致，咖啡会充斥着烧焦的风味，且醇厚度会下降。

由于咖啡产业缺少达成共识的烘焙度命名方法，烘焙师和消费者都对此心生疑惑。我没有要在此提供"正确"的烘焙度命名与定义，但我相信以下对烘焙度与咖啡颜色变化的叙述能提供共通且合理的阐释。

肉桂烘焙

肉桂烘焙（cinnamon roast）[①]通常是烘豆师让咖啡在一爆的最初期就"下豆"（drop），也就是停止烘焙。少有消费者会希望尝到肉桂烘焙带来的如同青蔬及青草的风味，或是更常见的花生的风味。然而，有些向讲求低价的消费者销售咖啡豆的大型烘焙商喜欢肉桂烘焙极低的**失重**（weight loss）。

肉桂烘焙咖啡会带有相当高的酸质及青蔬或花生调性，伴有青草香气与花香，并具备非常轻薄的醇厚度。

城市烘焙

城市烘焙（city roast）通常在一爆末期或一爆刚结束时停止烘焙。这种类型的咖啡具有很高的酸质与轻薄的醇厚度。城市烘焙如今在"改革派"或被称为"第三波"[②]的烘豆商之间蔚然成风，在北欧国家则是历来的标准烘焙度。

[①]　此处称"肉桂"乃因在此烘焙度下的豆色与肉桂相近，与肉桂的风味全然无关。

[②]　咖啡进口商蒂莫西·卡斯尔（Timothy Castle）于 2000 年首创"第三波"一词，用以指称一场再度专注于咖啡品质的运动。他将"第一波"咖啡浪潮描述为 20 世纪 60—80 年代出现具有开创性并且执着于品质的咖啡企业家，他们成为原有大型烘豆商的第一个现代取代方案。"第二波"则在 20 世纪 80—90 年代由一群干练的商人发起，他们一样提供有品质的咖啡，但更加有商业头脑并更为利润导向。"第三波"一词的普通用法已与原创者的原意相去甚远，如今通常用以指称喜好浅烘焙并由嬉皮士（hipsters）客制冲煮的烘焙商。

　　城市烘焙咖啡有酸味、红酒调性，具有甜味（尤其当发展完整时）与果汁感，并具有花香与水果香气、些许的焦糖味以及轻柔的醇厚度。但若是烘焙过程中发展不充分，则会带有青草、黄柠檬与尖酸的味道。

肉桂烘焙

城市烘焙

深城市烘焙

咖啡豆被烘焙至表面出现油光并在**二爆**（second crack）前下豆，即称为**深城市烘焙**（full city roast）。 这样的烘焙度能带来由中等酸质、圆润的焦糖味以及中等醇厚度构成的令人愉悦的平衡感，所以受到许多消费者喜爱。

深城市烘焙咖啡带有焦糖味，并带有成熟水果的调性与中等的醇厚度。

维也纳烘焙

在二爆初期下豆称为**维也纳烘焙**（Viennese roast），此时咖啡油脂开始自豆内移至豆表。 星巴克集团提供的标准烘焙度即是较深维也纳烘焙的例子[①]。

维也纳烘焙咖啡具有又苦又甜的味道，并带有焦糖香与刺鼻辛香，时常伴随着坚果与香料风味，并具有厚重如糖浆般的醇厚度。

法式烘焙

法式烘焙会产出油亮的豆子，带着刺鼻辛香与又苦又甜的味道，并且呈现碳化风味。 这种程度的深烘焙会让咖啡豆原有的特质难以辨认。

法式烘焙咖啡带有烧焦及烟熏风味与苦味，还能感受到微弱的焦糖香。 因为醇厚度的发展在浅法式烘焙达到顶峰，然后随着烘焙度渐增而下降，所以醇厚度的表现可能是厚重或是中等程度。

意式烘焙

大多数意大利的烘焙商都选择在中度烘焙时下豆。 但不知为何，这

[①] 我认为深城市烘焙与维也纳烘焙都是"讨好群众"的咖啡，虽然绝大部分咖啡鉴赏家与第三波咖啡商并不喜欢这种类型的烘焙。 批评者认为，浅烘焙才能突显咖啡豆的独特性，而深城市烘焙或更深的焙度过度削减了咖啡的酸质与细致风味。

深城市烘焙

维也纳烘焙

法式烘焙

意式烘焙

种最深、最油且最苦的，近乎全碳化的烘焙度却被称为**意式烘焙**（Italian roast）。由于崩解的纤维素结构让氧化与陈腐作用得以快速发展，几乎所有的意式烘焙咖啡在饮用时就已经腐坏了。

意式烘焙咖啡具有烧焦与烟感，并有陈腐与碳化风味，具有中等的醇厚度。

咖啡豆的结构变化

咖啡生豆从微观结构来看是相对井然有序且致密的，还有油脂包覆于纤维素基质上 [10]。烘焙生豆时，随着水蒸气与二氧化碳的生成，豆内的压力随之升高，使得豆体结构因之延展、内部孔隙变大。在一爆开始前数分钟，豆体的膨胀将足以让陷于中央线内的**银皮**（silver skin / chaff）开始脱落。纤维素的延展达到极限时，豆体内外皆有裂痕形成，并自此剧烈地排出水蒸气与其他气体，从而发出我们称为一爆的爆裂音。

打算产制浅到中烘焙咖啡的精品咖啡烘焙者通常会选择在一爆末期至二爆初期之间停止烘焙。一爆结束之后，气体仍会继续产生，再次让豆内压力上升。而在此时，豆体结构质地变得更脆，预示着将进入二爆阶段。一爆的主因是水蒸气造成的压力积累，而二爆主要的动力来源为二氧化碳的压力上升。在二爆前后，豆内油脂开始渗出至豆表，几乎所有的烘豆师都会将此现象作为深烘焙的指标。

豆内发展

咖啡豆的膨胀及在烘焙爆裂阶段的水蒸气与气体的释放导致豆体纤维素结构弱化，使得质地多孔性增加，并且更脆。烘焙度越深，豆内越多孔，越脆，咖啡豆的发展程度越高。豆内的充分发展被视为优质研磨的先决条件，不仅能提高萃取率，也能抑制不讨喜的咸鲜风味。

在烘焙过程中，豆内的发展通常会慢于豆表的发展。所以，烘焙师需要有技巧地管理烘焙进程，让豆内达到充分发展时，豆表正好达到应有的色泽。理想状况下，咖啡豆的内外色差在浅烘焙时差异甚微，烘焙度越深，可接受的色差范围越大，如此做法可让豆心发展达到特定的最低程度。在本书中，我将会讨论优化豆内发展的各项策略。

生豆大小、密度与失重

根据生豆烘焙前含水率、烘焙度以及烘焙过程中的豆内发展程度，烘焙后的咖啡豆会产生 12% ~ 24% 不等的失重。好喝的浅烘焙咖啡大多在一爆后期停止烘焙，这阶段的失重率或称**缩水率**（shrinkage）是 11% ~ 13%[①]。在一爆结束后约 30 秒下豆的咖啡，失重率在 14% ~ 16% 之间；而在二爆开始下豆的咖啡，失重率则为 17% ~ 18%。豆表出油的深烘焙，其失重率会高达 22% 或以上。现今精品咖啡业界流行的浅烘焙较烘焙前生豆重量减少 14% ~ 16%。

浅烘焙的失重中，水分的失重占了近九成。其余的主要是二氧化碳，还包括银皮、一氧化碳、氮气、挥发性香气化合物以及挥发性有机酸的失重。随着烘焙度渐深，有机物质的失重会显著增加：中烘焙的有机物质失重为 5% ~ 8%，而非常深的烘焙的有机物质失重则可高达 12%[5]。在咖啡豆于烘焙中失重的同时，体积会较原本的生豆增加 150% ~ 190%。失重与体积膨胀的同步发生导致密度降低为原先的 1/2。

---

① 这一失重率是在假设咖啡生豆含水率为 10% ~ 12% 且烘焙时长为 11 ~ 12 分钟状况下的估值，实际的失重率可能差异相当大。

于二爆期间停止烘焙的咖啡豆，表面可见油渍与裂痕

烘豆师可用取样勺在烘焙时取样

第五章

烘焙
化学

Roasting
Chemistry

· 5 ·

对咖啡爱好者而言，烘焙的过程就像变魔术一样：将致密且乏味的咖啡生豆转化为释放着迷人芳香的美味褐色熟豆。烘焙过程中会发生无数化学反应，包括美拉德反应与焦糖化反应，这些反应不仅使咖啡豆变成褐色，也创造出数以百计的新味道与香气化合物。除此之外，这一过程也顺势让豆子的质地变脆到易于研磨，且变得多孔，足以让水进入其中并萃取出可溶的风味物质。

化学成分的变化

水溶性物质约占咖啡熟豆总重的 1/3。适当的冲煮能萃取出占熟豆总重 19% ~ 22% 的物质 [也就是总可溶物质的 55% ~ 60%，外加些微脂质与被称为**细粉**（fine）的纤维素碎片]。

烘焙中的酸质发展

咖啡中的酸质能赋予其活泼性、细致度、复杂度与明亮的特性。虽然许多饮用者认为酸质使咖啡尝起来又苦又不令人愉悦，但没有酸质的咖啡尝起来既呆板又无聊。你可以用冷水萃取，数小时后即可喝到一杯酸质很低的咖啡。这样的咖啡虽然口感顺滑且带有巧克力风味，但缺少精致感，变成了单调的日常饮品。

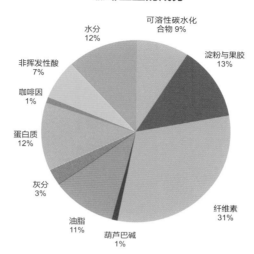

咖啡生豆的成分

咖啡熟豆的成分

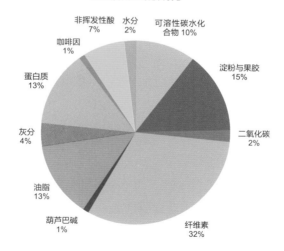

比较这两张饼状图可知，烘焙造成咖啡豆成分最显著的改变就是失水（含水率自豆重的 12% 降至 2%）及二氧化碳的生成（从极微量转为占豆重的 2%）。由于失水、其他成分的相对含量会增加 1%。虽然在烘焙过程中它们重量的变化不大，但在豆重的占比上有所增加。请留意：饼状图中的数字仅为估计均值，确切比例会因使用的生豆种类、烘焙度以及其他因素而有所变化

资料来源：Barter, R. (2004) A short introduction to the theory and practice of profile roasting. Tea & Coffee Trade Journal. 68, 34—37. 经 Tea & Coffee Trade Journal 允许翻印

　　绿原酸是生豆中最主要的酸，占其干重的 6% ~ 8%[3]，咖啡是目前为止绿原酸含量最高的植物[7]。绿原酸是冲煮咖啡中的主要酸质与苦味的来源，并具有轻微的兴奋提神效果[10]。

　　烘焙过程会稳定地降解绿原酸，在浅烘焙时绿原酸剩下 50%，在深烘焙时就仅剩 20% 了[2]。绿原酸降解后会生成奎尼酸与咖啡酸，这两种带有涩味的酚类化合物提供了部分醇厚度。少量奎尼酸和咖啡酸会带给咖啡正面的明亮感与酸质[7]，但大量奎尼酸和咖啡酸会让咖啡在杯中表现出令人不悦的未熟酸质与涩味①。

　　咖啡中的其他非主要有机酸也会于低量时对风味品质有正面贡献，但失去平衡时则会令人产生负面感受。这些酸质的浓度在极浅烘焙时达到最高，然后随着烘焙的进展稳定地降解而下降，这也是深烘焙咖啡较浅烘焙咖啡酸质更低的主因。

　　柠檬酸可为咖啡赋予酸质。醋酸在浓度低时可赋予咖啡红酒般的酸质，但在浓度高时会产生醋类的苦味[6]。苹果酸在咖啡中呈现出干净并像苹果般的酸质[6]。磷酸是一种在肯尼亚咖啡中浓度较高的无机酸，它非常可能就是肯尼亚咖啡酸质如此独特且珍贵的主因[6]。一般而言，咖啡植株的种植海拔决定了咖啡豆里的酸量高低，而整体的种植环境，尤其是湿度，决定了生豆具备的酸质类型[2]。

　　以 pH 值测量咖啡的酸性强度时，低 pH 值代表高酸度，而高 pH 值代表低酸度。咖啡豆的酸度会在一爆时达到高峰[11]，其后随着烘焙进程而下降。咖啡生豆的 pH 值大约是 5.8，随着烘焙过程而逐渐降低，在一爆时 pH 值降至 4.8（酸度的高峰），然后随着烘焙继续，pH 值会随之稳

---

①　咖啡在冲煮后仍会持续发生绿原酸的分解，尤其当咖啡液低于 79 摄氏度时。因此，让咖啡液体维持在 79 ~ 91 摄氏度至关重要，如此可以稳定绿原酸的含量，并限制不熟酸感与涩味的发展。

熟度不一的咖啡果实。熟成咖啡果实含有较多可增加咖啡甜味与酸质的蔗糖

定升高 [16]。 咖啡的可测量酸度及其特有的酸质平衡将决定我们对该咖啡酸质的感官（organoleptic）印象。 因此，饮用者对一杯咖啡酸质的感受与酸性强度测量值有关联，但并非与其强度相同。

咖啡生豆的蔗糖含量对烘焙后的酸质与甜味影响甚巨。 因为蔗糖通过焦糖化反应产生醋酸来提供咖啡酸质，所以，咖啡农选择采收具有较高蔗糖成分的红熟果实是咖啡品质的关键。 深烘焙会使 99% 以上的蔗糖降解，而浅烘焙下咖啡豆的蔗糖降解可能仅达 87%[37]。

香气的发展

我们喜欢的咖啡香气在开始烘焙后的数分钟才会产生。当咖啡豆含水率降至 5% 以下时，挥发性芳香物质才开始快速发展[8]。美拉德反应与焦糖化反应以及氨基酸、糖类、酚酸与脂质的降解都对香气的发展有所贡献[8]。焦糖化反应可赋予咖啡果香、焦糖香、坚果香与其他香气，而美拉德反应会产生鲜香、花香、巧克力香、泥土气息与烘烤类香气。

许多挥发性芳香化合物会溶解于咖啡中的油脂里，并在冲煮当下与之后慢慢释放出来[8]。咖啡中的芳香物质在浅至中烘焙下会达到最高量，而烘焙度继续增加时，香气的毁损速度就会超过生成速度，香气类型也将偏烟熏与刺鼻辛香调。香气物质会在烘焙后的储存期间随着咖啡豆气体的释放而逐步流失。较深烘焙的咖啡由于具有较弱且更加多孔的纤维素结构，香气的丧失速度高于浅烘焙的咖啡。

美拉德反应与焦糖化反应

如前文所述，美拉德反应是游离氨基酸与还原糖之间发生的非酶促褐变反应，这种反应赋予咖啡褐色，提供又苦又甜的风味及各式香气。许多食物在烹调时都会发生美拉德反应，也许最为人所知的就是肉类烹调时的褐变现象。

要了解美拉德反应对风味的贡献，可以先思考烧烤与水煮的烹调方式对风味的影响：相较于水煮，烧烤会赋予肉类更多的香气、复杂的层次以及深度。而对咖啡而言，美拉德反应也会带来类似的烧烤风味与复杂度。

在咖啡烘焙过程中，一旦豆内的温度上升到足以蒸发大部分的水分时，温度上升速度就会增高，于是加速了美拉德反应。这是在烘焙中段香气发展迅速的原因之一。 当烘焙温度超过 160 摄氏度后，美拉德反应会成为自续性反应①。

与美拉德反应不同的是，焦糖化反应是**热解**（pyrolysis）的一种形式，此反应约于 171 摄氏度开始 [19]，烘焙提供的热能会将糖类分子分解，产生数百种新的化合物，包括分子量较小且具有苦味、酸味与香气的分子，以及分子量较大的棕色无风味分子 [19]。 尽管大部分人会由"焦糖"这个词联想到高甜度的甜点，但其实焦糖化反应无疑是降低食物或饮品的甜味并增加其苦味的反应。 所以，焦糖化反应在咖啡烘焙中会造成浅烘焙咖啡较甜而深烘焙咖啡较苦且具有焦糖香气的现象。

咖啡因含量与烘焙

尽管大多数人都听过一些江湖传言，但其实较深的烘焙并不会降低咖啡因的含量。 由于咖啡因在典型咖啡烘焙的温度区间里相当稳定，咖啡豆里的咖啡因含量并不会因为烘焙而有所改变 [3]。 然而，由于烘焙过程中咖啡豆有失重现象，咖啡因的重量比率会随着烘焙度的增加而上升。因此，若冲煮咖啡时是以特定水粉重量比而非体积比冲煮，则烘焙度较深的豆子的确会冲出咖啡因含量较高的咖啡。

---

① 　自续性反应（self-sustained reaction）在此处指的是在 160 摄氏度以上，美拉德反应可以自我维持并持续发生。——译者注

第六章

咖啡烘焙中的热转移

Heat Transfer
in Coffee Roasting

·6·

烘豆机借由**热对流**（convection）、**热传导**（conduction）与**热辐射**（radiation）三种方式将热量传递给咖啡豆。每一部烘豆机都以不同混合比例的三种机制来传递热能。以下是关于烘豆机设计如何影响热能传递的概述。而我会在第七章中对烘豆机设计进行更广泛的讨论。

热对流、热传导、热辐射

"传统"（我自己的定义）滚筒式烘豆机直接对滚筒施加热能，以热对流为主、热传导为次的方式加热咖啡豆。滚筒炙热的表面及邻近咖啡豆散发的热辐射则有微量的热转移贡献。一名德国知名烘豆机制造商代表在与我的私人通信中表示，预估该品牌滚筒式烘豆机的热转移中有七成是热对流，三成是热传导。

间热滚筒式烘豆机（indirectly heated drum roaster）将热源与滚筒隔开，以在烘焙中保持较低的滚筒温度。在这类烘豆机的热转移中，热对流的占比较传统烘豆机更高。

浮动床式烘豆机并不具备滚筒，它以高速喷出的高温气体使咖啡豆悬浮其中并烘焙。再循环式烘豆机（recirculation roaster）接收烘焙过程中的一部分废气并加以再利用，例如洛林智能烘豆机（Loring Smart Roaster™）。这两种烘豆机几乎仅靠热对流进行热转移。

在烘焙的一开始，由于大量室温生豆与空气被引入高温的烘豆机中，导致烘豆滚筒中的**环境温度**（environmental temperature）骤降。 传统滚筒式烘豆机前几分钟烘焙的热转移主要来自高温滚筒的热传导。 而当炉内气体温度在烘焙起始骤降之后反弹上升，热对流开始成为主要的热传递形式。 这类型烘豆机的烘焙鼓犹如储热器，可提供热能以推动烘焙初期的发展。 热对流导向的烘豆机则需要更高的起始烘焙温度，以提供足够的热转移，以补偿缺少储热器造成的热能短缺。

热转移与温度梯度

大约前 2/3 的烘焙过程是**吸热**（endothermic）的过程，也就是说，咖啡豆会经热传导将热能自豆表吸收至豆内。 咖啡豆内外的**温度梯度**（temperature gradient）或温差（ΔT）是决定热能传递效率的主因。 简而言之，较大的温差会使豆内快速升温。 烘焙初期的温差经预估可高达 50 摄氏度 [10]，甚至可能再稍微高些，然后随烘焙进程递减①。 换句话说，当烘焙开始数分钟后，豆心温度开始缓步上升，而咖啡豆温度越来越高时，豆心温度会趋近于豆表温度。 一般而言，烘焙越快，温差越大，而烘焙越慢，温差越小。

> 若想创造良好的豆内发展及均一的烘焙，在烘焙初期建立大温差并在烘焙结束前尽可能降低温差是必要的关键。

---

①　极快速烘焙（2～3分钟），例如实验室的试验烘焙会呈现显著的较高温差。烘焙时间与最大温差呈现负相关性，意即其中一项数值升高时，另一项数值会下降。

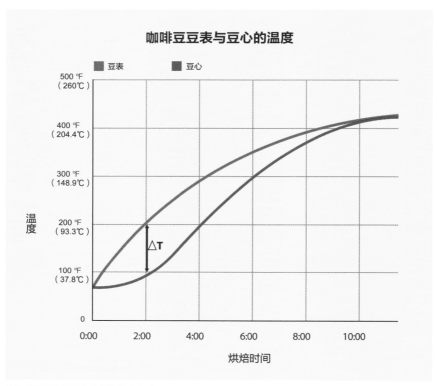

请注意于两分钟时出现高温差（ΔT）

豆内热能与质量的转移

在烘焙过程中，水分从咖啡豆最外缘开始蒸发，形成"蒸发前缘"（front of evaporation）并朝豆心推进[5]。豆心的温度相对较低，所以纤维素结构完整，可留存较多水分。当这些留存的水分开始受热蒸发，豆内压力会上升，结构开始膨胀。根据不同研究预估，豆内压力最低可低至5.4大气压（约550千帕）[8]，最高可高达25大气压（约2533千帕）[18]，当压力累积到足以破坏纤维素结构时，一爆就会发生。一旦豆内的压力、水蒸气与二氧化碳在一爆时释出，豆心的温度将会跃升。

热能转移与含水率

　　烘焙时的环境相对湿度及豆子的含水率都会影响热能转移的效率。在烘焙初期的低温延迟之后，烘焙空气里的水分会增加热能传递的效率，加速豆体的水分散失速率[8]。豆内的水分对烘焙有着复杂的影响，较高的含水率对豆内热能传递存在三种主要效应：

　　·水分会增加豆体的传导，从而增进热能传递效率。

　　·水分会增加豆体自身的热容量，意味着含水率较高的咖啡豆会需要更多的热能，才能上升到相同的温度。

　　·较高的含水率代表有较多水蒸气向豆体外发散，从而抑制热能向豆心传递。

　　整体效果是含水率高的豆子温度上升速率比含水率低的豆子高[8]。所以在烘焙高含水率的咖啡时，烘豆师应更积极地提供热能，反之则应谨慎[①]。

具有果胶层的咖啡生豆剖面图

①　　我成为烘豆师的第一个冬天吃了苦头，才学到生豆在干冷的气候下储存会丧失许多水分，而我只发现烘焙速度过快。一开始我并不知道为什么烘焙会那么快，但在那个冬天我学会了降低烘豆机热能的输入。下个秋天来临时，我安装了增湿器，并且全年保持恒温恒湿，以稳定生豆的含水率。

第七章

烘豆机的
设计

Roasting Machine
Designs

· 7 ·

烘豆机是一种专门的烤箱，在利用热气流传递热能给咖啡豆的同时不停地搅拌咖啡豆，以确保均匀烘焙。现今精品咖啡业界常用的烘豆机有以下数种形式：传统滚筒式、间热滚筒式、浮动床式与再循环式等。再循环式烘豆机会将烘焙后排出的部分气体导入燃烧室中，以协助生成烘焙热能。我将不具备排气再循环功能的烘豆机称为"单通"（single-pass）烘豆机。每种烘豆机的设计各有利弊，然而目前没有任何新式烘豆机能够降低传统滚筒式烘豆机的受欢迎程度。传统滚筒式设计在过往近百年间几乎没有改变。

传统滚筒式

传统滚筒式烘豆机具备一个坚固的钢制或铁制圆筒，沿着桶身轴心水平安装于明火火源之上，并可旋转。火源同时加热筒身及即将被抽入滚筒内的空气。机身具有风扇，将燃烧室内加热的空气抽入滚筒，通过正被翻搅的咖啡豆，并将烘焙产生的烟雾、水蒸气以及各种烘焙副产品由垂直排气管或烟囱排出。咖啡豆在滚筒内通过热传导吸收筒身热能，并通过热对流吸收通过滚筒热空气的热能，与此同时，滚筒的滚转将咖啡豆加以搅拌混合。

烘焙师于烘焙完成时打开卸豆闸门，将熟豆倒入冷却槽中，搅拌桨叶及可吸入室温空气的强力风扇会将堆积于其中的咖啡豆快速冷却。

最佳的传统滚筒式烘豆机是具备**双层滚筒**（double drum）的机型，其滚筒由两个仅相隔数毫米的同心滚筒构成。这样的机型仅有外层滚筒与火源直接接触而升温，而内层温度较低，这降低了热传导的程度，因此减少了**尖端焦伤**（tipping）、**焦斑**（scorching）、**焦面**（facing）等现象（本书将此三种烧焦现象通称为"豆表焦伤"）。若是读者准备购买传统滚筒式烘豆机，我强烈建议购买双层滚筒的机型。

Probat UG 烘豆机

为了降低成本，有些烘豆机制造商舍弃了双层滚筒的设计，改以在滚筒与火源之间加设一块固定的挡板（或称为"热盾"）。尽管制造商宣称有效，但有热盾的单层滚筒机的实际效果仍低于双层滚筒机。原因在于热盾是固定的，并且持续接触火源，所以会变得非常烫（双层滚筒式烘豆机的滚转避免了任何特定区域因持续接触火源而过热的现象）。我曾以红外线温度计测量典型烘焙时的热盾温度，可高达 510 摄氏度。高温的热盾在火源关闭后仍可释放大量辐射热，从而干扰烘豆师对烘焙的操作控制

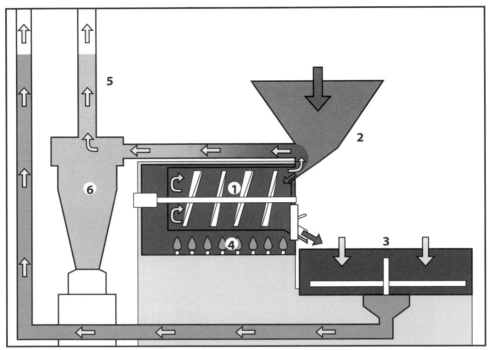

传统滚筒式烘豆机。咖啡生豆（棕色箭头）通过入料斗（2）进入烘焙滚筒（1）。烘焙结束后，咖啡熟豆于冷却槽（3）中冷却。空气（蓝色箭头）自燃烧室（4）进入并通过烘焙滚筒，并自烟囱（5）排出。排出时会通过旋风集尘器（6）以收集银皮

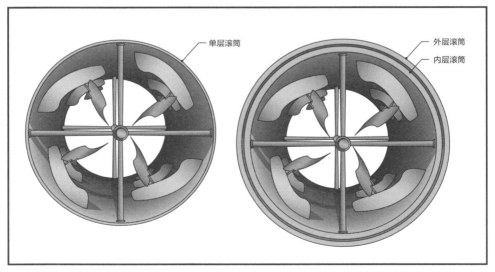

单层滚筒（左）与双层滚筒（右）

优点：烘焙空气仅通过滚筒一次，提供了干净的烘焙环境，此外，滚筒可作为相当有效的储热系统通过传导提供热能，尤其是开始烘焙的前几分钟。

缺点：金属滚筒过度加热容易造成豆表焦伤。

间热滚筒式

间热式滚筒通过来自燃烧室的热气加热，这样的设计让滚筒外壁不会与火源接触，如此一来，烘豆师就可以使用较高的烘焙温度，但造成豆表焦伤的风险较低。无论是传统滚筒式烘豆机还是间热滚筒式烘豆机都是通过在滚筒内部搅动豆子来达成均匀烘焙的目的，也都是在烘焙结束时将豆子倒入分离的冷却槽中来实现高效率的冷却。

优点：间热滚筒式烘豆机可提供干净的烘焙环境，并允许在相对高温下进行较快速的烘焙，同时较多数其他滚筒式烘豆机造成豆表焦伤的风险更低。

缺点：这样的间热设计比传统滚筒式烘豆机的燃料效率更低一些。

浮动床式

浮动床式烘豆机倚赖高空气流量使咖啡豆在烘焙腔中浮动并回旋。由于烘焙过程中咖啡豆的密度会下降，所以烘焙起始时需要很高的空气流量，然后随烘焙进程而减少，以此维持咖啡豆适当的回旋速度 [16]。

大多数这种类型的烘豆机并没有独立的冷却槽，而是在烘焙结束时导入室温空气通过烘焙腔来冷却。这样的系统不是很理想，因为烘焙腔表面的高温会延迟冷却的过程。许多使用浮动床式烘豆机的用户会额外购置分离的冷却槽。

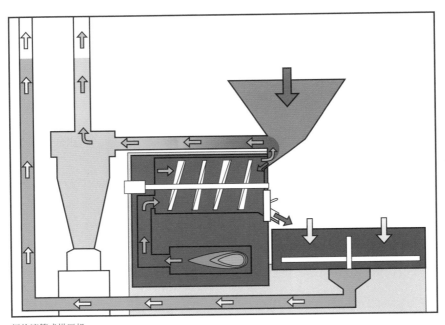

间热滚筒式烘豆机

这种机型的 Joper 烘豆机具有间热滚筒

优点：浮动床式烘豆机价格便宜，性能可靠，占地面积小，造成豆表焦伤的风险也小。

缺点：过高的空气流量不仅会损害风味，还会降低燃料效率。所以烘豆师必须调整空气流量，在发展咖啡豆的最佳风味与维持适当回旋速度之间达成妥协。

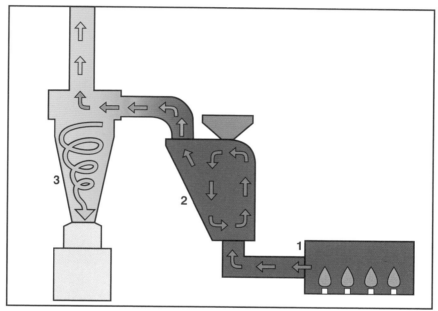

浮动床式烘豆机几乎全以对流形式为咖啡提供热能。空气先于燃烧箱（1）内加热，再通过烘焙腔（2），最后通过烟囱排出时会使用旋风集尘器（3）收集银皮。咖啡生豆从入料斗（绿色）进入烘焙腔，于腔内的热风床上旋转翻搅，最后自卸豆闸门（本图未显示）离开烘焙腔

再循环式

与前文介绍的单通式烘豆机不同的是，再循环式烘豆机会将部分排出的热气导回燃烧室内，再利用其热能，从而降低烘焙过程的燃料需求。因为有高效的能源利用率，又能降低豆表焦伤风险，还能够维持稳定、有湿度以及可再现的烘焙环境，这类型烘豆机近来相当受欢迎。稳定的

烘焙环境还具备额外的好处，即增强自动化烘焙软件追踪预设曲线烘焙的能力。但这种类型的烘豆机有一个明显的缺点，就是咖啡带有烟熏风味的风险会增加，因为咖啡豆在烘焙过程中始终处于充满烟雾的环境中。

优点：这种类型的烘豆机能进行快速烘焙并具有高燃料效率，且较不会有豆表焦伤的风险。若是使用自动化烘焙软件，还能增进其表现。

缺点：烘焙师有时报告说易于出现烟熏味。

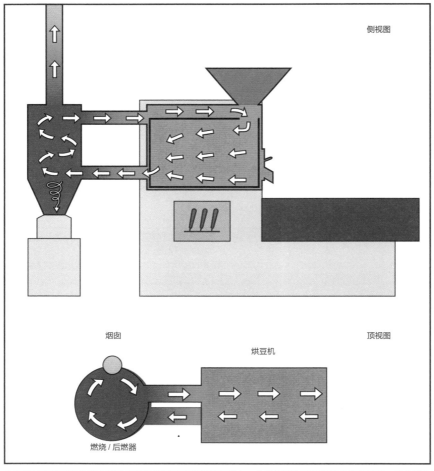

此再循环式烘豆机会将大部分排出的热气再导回烘焙滚筒中，并以几近全对流的形式传递热能。在此设计中烘豆机的燃烧器同时也是废气处理的后燃器，可将废气的烟雾微粒在通过烟囱部分排出前焚化。白色箭头代表空气流向，咖啡生豆由绿色入料斗进入烘焙滚筒（橘红色）烘焙，最后于冷却槽（蓝色）冷却。

Lilla（上）是早期再循环式烘豆机的设计，而 Loring（下）
为此类设计的最佳机型

第八章

烘焙的
进程

Progression
of a Roast

以下事实极为重要：豆温温度探针的读值只代表烘焙腔中豆子堆积处的表面温度。读值并没有完美地呈现出豆表温度。这不是说是温度探针不准确，探针只是呈现其所处介质中的温度。以咖啡烘焙过程而言，介质就是咖啡豆与热气的总和。

烘焙师大都倾向专注于每次烘焙的第一阶段与最后阶段，也就是我们所知的"脱水期"（drying phase）与"发展时间"（development time）。虽然这些术语有一定程度的正确性，但如此过度简化会导致对烘焙进程的误解。如同我们将提到的，烘焙过程里所有的"烘焙曲线"都会影响脱水与发展。

S 形曲线的错觉

烘焙温度记录曲线通常呈现"S"形，即豆温在入豆后会持续骤降 70 ~ 90 秒，触底后再快速增加。但事实上，咖啡豆的温度从未下降，以室温进入烘豆机后立刻就开始变热。之所以初期温度明显下降，是因为烘焙腔中的空气影响了豆温探针及温度探针的**测温延迟**（thermometric lag）造成的假象。我建议不用过于在意烘焙起始两三分钟的温度读值，大多数烘豆机第三分钟时的豆温读值才开始成为具实用性的指标。

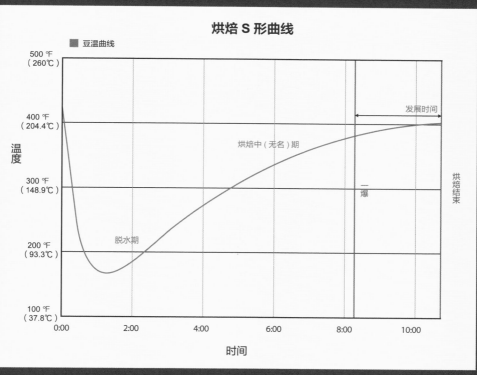

烘焙 S 形曲线

■ 豆温曲线

发展时间

烘焙中（无名）期

一爆

脱水期

烘焙结束

温度

500 ℉（260℃）
400 ℉（204.4℃）
300 ℉（148.9℃）
200 ℉（93.3℃）
100 ℉（37.8℃）

0:00　2:00　4:00　6:00　8:00　10:00

时间

S 形曲线是烘焙时豆温探针记录的标准代表。曲线在反转点（the turn）触底之后，温度读值一开始会快速增加，接着在其后的烘焙过程里上升速度会逐步减缓

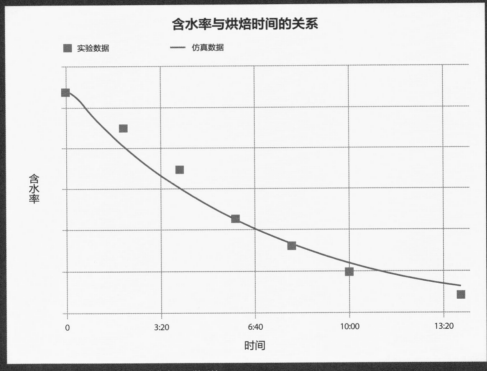

含水率与烘焙时间的关系

■ 实验数据   —— 仿真数据

含水率

时间

0   3:20   6:40   10:00   13:20

如图所示，咖啡豆以稳定速率丧失水分直至一爆开始

资料来源：承以下来源慨允 Bottazzi, D.; Farina, S.; Milani, M.; Montorsi, M. (2012) A numerical approach for the analysis of the coffee roasting process. Journal of Food engineering. 112, 243—252 。原始数据编译自：Schenker, S. (2000) Investigation on the hot air roasting of coffee beans. Swiss Federal Institute of Technology, Zurich

脱水期的迷思

我在讨论咖啡烘焙时比较忌讳的一件事情就是使用具有误导性的术语"脱水期"与"发展时间"。

烘焙是个十分复杂的过程，别的暂且不提，咖啡的发展与水分的丧失在整个烘焙过程中会持续发生。将烘焙的第一阶段称为"脱水期"，将烘焙的最后阶段称为"发展时间"，实在会造成对烘焙过程的许多误解。

烘焙中（无名）期

在开始烘焙的数分钟之后，咖啡豆色转为浅棕色时，就进入了常被人忽视且没有名字的烘焙中期。在这个阶段，糖类会分解形成多种有机酸[19]，而豆子也开始释放水蒸气并膨胀，同时散发出令人愉悦的面包香气。这种颜色与香气的转变主要是由于美拉德反应的作用。此反应在咖啡豆温度介于 121 ～ 149 摄氏度时开始加快。

当豆温达到 171 摄氏度时，焦糖化反应开始将糖类降解，少了糖类原料的美拉德反应因此减慢。焦糖化反应会加深豆子的褐色，并生成果香、焦糖香及坚果香气。美拉德反应与焦糖化反应都会降低咖啡的甜味并增加苦味。

在这个没有名称的阶段，咖啡豆的膨胀使得银皮开始脱落，同时烟雾也开始产生。所以，烘豆师必须确保在此阶段的空气流量足以排出银皮与烟雾。若是在此阶段没有提供足够的空气流量，就有可能烘出带有烟熏味的咖啡豆，而银皮过度堆积在烘豆机某处时会有火灾隐患。

一爆

烘焙咖啡有时会有点儿单调无聊，而一爆的出现总是令人兴奋。咖啡豆开始发出一连串的爆裂声，一开始还很安静，然后爆裂声加快，音量也渐渐变大，最后变弱。豆子的体积膨大并使银皮剥落，同时烟雾的产生加剧。如前文所述，一爆就是被禁锢于豆心的水蒸气与二氧化碳的压力终于得到释放的声音。

Illy[5] 与 Eggers[30] 指出，一爆时豆表温度会短暂下降（也许仅历时数秒钟，你的豆温探针很可能侦测不到此变化），这种现象被称为"**瞬间吸热**"（endothermic flash）。瞬间吸热现象是大量水蒸气自咖啡豆中蒸发时造成的表面冷却效应。

在一爆开始前不久，咖啡豆聚积处的升温速率（rate of rise）大致趋于平稳。升温速率约在瞬间吸热开始时剧降，并常常在其后迅速回升。升温速率的高低转换是我不乐见的，我将在本书中深入地讨论这部分（请参见第十章《法则二：豆温进程应总是保持渐降》一节）。

二爆

在一爆结束后会有一段安静的间歇期，在此期间，豆心的二氧化碳压力开始重新积累。热解及一爆造成的损伤会弱化豆子的纤维素结构。这样的压力足以让油脂移动到豆表。大约就在豆表出现第一个油滴时，二爆开始，豆内的二氧化碳压力与油脂开始向外释放。

二爆会摧毁许多咖啡豆的特色。焦糖化反应与热解会产生厚重、刺鼻辛香和烘焙风味。在深烘焙下还能存有的细致风味都会被如此强烈的深焙风味掩盖。深烘焙咖啡的杯中品质具有又苦又甜与烟熏风味、厚重如糖浆般的醇厚度以及极低的酸感。若是烘焙在二爆初期后持续进行，

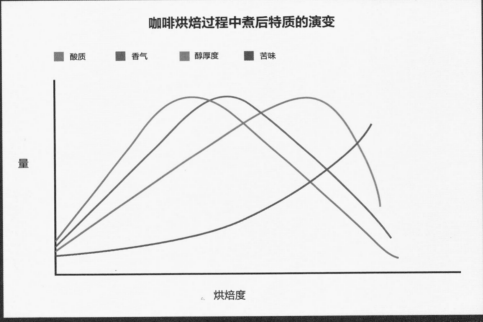

咖啡烘焙过程中煮后特质的演变

■ 酸质　　■ 香气　　■ 醇厚度　　■ 苦味

量

烘焙度

在烘焙期间，酸质持续增加至城市烘焙度以上才会下降。香气的峰值会在酸质最大化不久之后出现，约在城市与深城市烘焙之间。醇厚度持续增加直到豆色相当深的法式烘焙附近，其后醇厚度下降。在法式烘焙度下可供萃取的物质最多，其后热解反应将可溶物燃烧，可萃取物变少杯中则会出现烧焦与碳化的风味，并且醇厚度会下降。虽然主要的精品咖啡业者会将咖啡烘焙到二爆，但今今的改革派精品咖啡烘焙商鲜少如此。

发展时间

许多烘豆师称一爆开始到烘焙结束的阶段为"发展时间"。这其实是一个过度简化烘焙过程的误导性术语。如第 44 页曲线图所示，当咖啡豆进入烘焙腔数秒后，豆内发展即开始并持续至烘焙结束。许多烘豆师尝试借由

绝大部分单通式滚筒烘焙机能以每磅生豆 5000BTU（每千克 11 606 千焦）额定热量输出的比例进行有效率地烘焙。

延长一爆后的烘焙时间增加发展程度，尤其是在进行意式浓缩咖啡烘焙时。这种延长一爆后烘焙时间的做法通常能够增加豆心的发展。但更有效率地增进豆内发展的方法是在烘焙初期创造出较大的温度梯度。刻意延长烘焙的最后数分钟通常会造成我们应该避免的**焙烤（baked）**风味。

了解整体烘焙曲线的形状对咖啡豆的发展与脱水程度的影响是非常重要的事。在第十章《咖啡烘焙三法则》中我会讨论如何塑造烘焙曲线以增进烘焙发展与甜味，同时降低产生焙烤风味的风险。

第九章

烘焙计划的拟定

Planning a
Roast Batch

烘豆师在烘焙咖啡生豆之前有许多决策要先行拟定。考虑烘焙量、烘豆机设计与各种生豆变因后才能决定投豆温度、起始火力的设定及空气流量。

烘焙量

开始规划烘焙时首先要做的就是找出这台烘豆机最适合的烘焙批量。这需要考量烘豆机的滚筒尺寸、可调节的空气流量范围以及燃烧器输出能量的速率，以此决定多少烘焙量尝起来最好喝。烘豆师不该认为烘豆机制造商宣称的烘焙量就是最佳烘焙量。我发现就算不是绝大多数，至少许多烘豆机可生产最佳咖啡品质的烘焙量为原厂宣称的 50% ~ 70%。

> 绝大部分单通滚筒式烘豆机能以每磅生豆 5000BTU（每千克 11 606 千焦）额定热量输出的比例有效率地烘焙。

烘豆机制造商倾向于夸大其产品的批次烘焙量，因为绝大多数买家（尤其是小型精品咖啡烘豆机的买家）都会受到商家全力宣传的数字的影响[①]。我们可以根据烘豆机宣称的烘焙量来推测此机型的实际最大量。

①   这种现象其实类似于家用咖啡壶的行销：现今的 12 杯份咖啡机通常仅能冲煮出 50 ~ 60 盎司咖啡。这些年来，杯量的定义已经缩水成 4 或 5 盎司（120 ~ 150 毫升）了。"12 杯份"一词似乎成了制造商销售部门的奇思妙想。

宣称烘豆量通常代表着此机型可以尝试烘焙的最大量。投入超过该限度的豆量，可能造成烘焙过程中咖啡豆的搅拌混合效率过低，或是咖啡豆被排气风扇吸出烘焙滚筒。

其次，通常也是最重要的，是要考量烘豆机宣称的热能输出效能。研究指出，将 1 千克 20 摄氏度的生豆烘焙至中烘焙需要 1000 ~ 1500 千焦[5, 32]。然而典型的单通烘豆机热效率不佳，仅能将一小部分燃烧器产生的热能转移给咖啡豆。大部分的能量都会通过烟囱排出，其他则流失至烘豆间或其他区域。以我使用过数十种烘豆机的现实经验而言，单通烘豆机的热效率只有 10% ~ 15%。也就是说，单通烘豆机需耗用实际传给咖啡豆 7 ~ 10 倍的能量。

因此，若是一台 12 千克烘焙量的烘豆机具有 105 506 千焦的热输出能力，则其实际最大烘焙量应为 9 千克。若是再搭配一些实验测试，你就会找到自己喜欢的烘焙量，可能比推测的高或低，且理想烘焙量还会因生豆的不同而有所增减。但我仍然建议各位以 9 千克作为测试的起始烘焙量。与单通烘豆机相比，浮动床式烘豆机的热效能较差，而再循环式烘豆机的热效能较佳，故这些类型烘豆机的使用者可以根据其燃烧器的产热能力与各自的热效能来考量烘焙量的换算。再循环式烘豆机的热效能会随着再循环热能的比例增加而上升。

只要能够满足空转时稳定提供低至 204 摄氏度烘焙热风的前提，大部分的烘豆机没有最少烘焙量的限制。但当烘焙量少于标准烘焙量的 1/4 时，在实际操作时依然需要面临数个挑战。

进行极少量烘焙需要额外考虑：

·降低空气流量：过高的空气流量会将豆子从烘豆机吸出，尤其在滚筒的每分钟回转数（revolutions per minute, r/min）过高时。

　　·降低滚筒回转数：在标准回转数下的滚筒内，极少量的咖啡豆可能会到处弹跳，从而造成烘焙不均和豆子被排气气流带出烘豆机。

　　·烘豆师愿意并能够在没有豆温读值的情况下烘焙：当烘焙量过少以至豆温探针无法探入豆堆之中时，豆温读值会较为不可信赖甚至无用[1]。

设定空气流量

　　多年来，我一直使用打火机测试风量来调整空气流量的设定。 若要进行测试，须在烘焙进行中且燃烧器点燃的情况下取下**取样勺**（trowel）。点燃打火机并将火焰靠近烘豆机的取样勺开口，观察火焰是偏向洞口、保持垂直，还是向外远离洞口。 调整空气流量设定，使打火机火焰稍向洞口倾斜，这代表此空气流量下烘豆机可轻微地吸入空气（若增加空气流量，火焰将会被更强的吸力带向洞口）。 若火焰没有倾向洞口，则表示空气流量不足以将燃烧与烘焙产生的废气充分排出。 若火焰被气流强力带往洞口或是被吸入气流吹熄，即代表空气流量设定太高。

　　也可以握着一小片大于洞口尺寸的薄纸于洞口上方进行类似的测试，若是空气流量设定得当，应可提供足够的吸力将洞口纸片吸住，就算放开，纸片也不会掉落。

　　咖啡烘焙的初期空气流量需求较低，而烘焙后期则需要较高的流量设定。 一旦咖啡豆开始释放烟雾与脱落银皮，就需要开始增加空气流量。 而因为在烘焙中增加空气流量等于增加了对流热，所以若有可能，应以逐步增加的方式调整。 一次性大量增加空气流量可能干扰豆温发展平缓减速的目标（请参见第十章《法则二：豆温进程应总是保持渐缓》

---

[1]　我使用 23 千克的 Gothot 烘豆机成功地烘了 20 批 100 克的 2006 年"最佳巴拿马"竞标样本，做法就是忽略豆温探针的数值，转而专注于其他参数，比如尝试每一批次重现特定的环境温度曲线。

一节）。有些烘豆机具有燃料喷射系统或是"强力燃烧器"，这会需要空气流量与燃气同步增加或减少。因为要有效率地燃烧，必须维持恒定的空燃比（air-fuel ratio）。但这会是此类型烘豆机操作者的一大难题。因为理想状况下，烘焙过程中火力设定一开始需要较高，然后维持稳定或逐步降低。然而烘焙末段需要较高的空气流量。因此，使用强力燃烧器的烘豆机没有通用的解决方案，因为每个机型都不同，烘豆师必须针对各机型设计具体的解决方案。

烘焙师应事先规划好空气流量，订立起始流量值，以及何时该改变流量、变化量是多少。在两次烘焙之间，低至中等的空气流量是合宜的，可运用较低火力维持稳定的环境温度。

调整空燃比

若你使用的烘豆机可以调整空燃比，请调整至火焰呈现蓝色带有橘色条纹（橘焰是空气中的灰尘所致）。若你看到的是懒洋洋的黄色火焰，则代表缺乏空气并且燃烧不完全[1]。欠缺空气的火焰会产生比正常火焰更多的煤灰、烟雾与一氧化碳以及更少的二氧化碳。若有火焰浮离燃烧器之上，又有如喷灯燃烧的声音，则代表混合了过多的空气（让烘豆机燃烧器点燃数分钟达成动态平衡后再判断是否需调整空燃比是较为理想的做法）[1]。理想的空燃比大约是 10∶1，但习惯上会调整为稍高的空燃比，作为应对空气温度与湿度变化的缓冲。

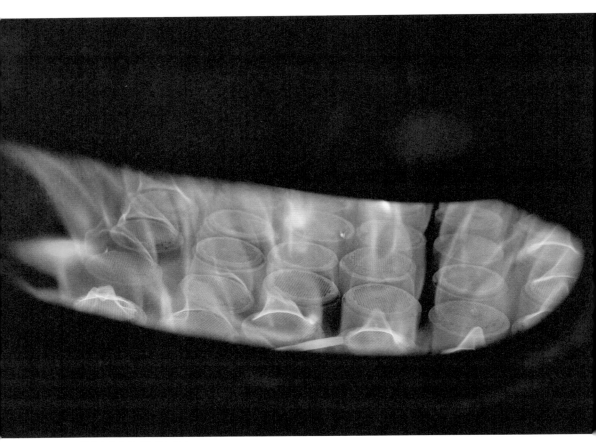

这样的火焰有着理想的空燃比

投豆温度

　　每次烘焙的投豆温度[①]与起始火力设定是决定烘焙温度曲线的关键。过低的投豆温度会限制咖啡豆的烘焙发展，或导致不得不使用较高的起始火力设定，从而使滚筒过烫。过高的投豆温度有可能造成豆表焦伤或是豆子自身细致风味的钝化。若想确保每次烘焙都能依照理想的最佳烘焙曲线，就要在投豆温度与起始火力设定间达成平衡，并对烘豆机在投豆前的能量状态进行适当管理。在决定投豆温度时，烘豆师应该考虑烘豆机的设计特性、烘焙量的多寡、生豆密度、生豆大小、后制处理法以及预计的烘焙时间。

烘豆机设计

　　选择投豆温度首先要考虑的就是烘豆机的设计特性。与火焰直接接触的滚筒会较热，与间热滚筒式烘豆机相比有较高的烘焙环境温度。若使用直接由火排加热滚筒的烘豆机，一定要限制其投豆温度，否则滚筒烫伤咖啡豆的风险会很高。

　　浮动床式烘豆机由于没有滚筒并且传导热比例很低，所以可以采用最高的投豆温度，约可高于 288 摄氏度。间热式滚筒式烘豆机和筛孔滚筒（perforated drum）烘豆机能承受较高的投豆温度，在 232 ~ 274 摄氏

---

① 　"投豆温度"是个模糊的概念，虽然这指的是烘豆机空转下刚好让豆子进入滚筒时的温度，但目前对指的是哪个温度探针的读值没有共识：有些烘豆师指的是豆温探针的读值，而有些指的是环境温度探针的读值。这两项数值不仅无法在不同烘豆机之间适用，而且在同一烘豆机下连续两个相同批次使用相同投豆温度，比如 204 摄氏度时，其烘焙曲线还是可能相当不同。原因是投豆温度并不足以也不能稳定地反映出烘豆机的热能状态。就刚刚说的情境而言，投入第一批次生豆时滚筒表面温度可能是 260 摄氏度，但投入第二批次时滚筒表面温度可能是 271 摄氏度了。滚筒温度的些许差异会造成不同的烘焙曲线。这是所有烘豆师尝试让当天第一批次烘起来与随后批次相同时都曾经历过的现象。大部分烘豆师接受了头两三批次与随后烘焙批次的不同，并转而安排将低咖啡因或是较小烘焙量的批次排在前几批次来解决这个问题。在第十一章《批次间程序》一节中我讨论了如何于批次间重设烘豆机的热能状态，就算是当天的第一批次也能达到稳定一致的烘焙结果。

度的范围。 传统滚筒式烘豆机需要关注投豆温度的程度不一，依其滚筒厚度与材质以及是单层还是双层滚筒而定。 一般此种烘豆机合理的投豆温度范围为 193 ～ 227 摄氏度[①]。

如前所述，传统滚筒式烘豆机的滚筒本身可视为一种储热装置，可以储存数以万计千焦的热能。 这些储存的热能在烘焙初期提供了热量转移，并补偿了此种机型设计部分甚至全部的较低投豆温度。 对豆内烘焙发展程度而言，烘焙的第一分钟是否有适当的热能传递非常关键（参见第十章《法则一：在烘焙初始时应提供充分热能》一节）。

烘焙量

烘焙量越多，投豆后烘豆机的环境温度下降就越多，所以越大的烘焙量就需要越高的投豆温度，以确保在烘焙初始的一两分钟有充分的热能可供转移。

生豆大小

因为较大的生豆比较小的生豆具有更大的密度，故要让热能穿透较大生豆，需要较多能量。 较高的投豆温度能帮助热能穿透较大的咖啡豆[②]。

后制处理方法

咖啡果实采收后的处理方法会影响生豆的密度、被烧烫伤的难易程度以及含水率的高低。 当规划烘焙策略时，需要逐一考量生豆的后制处理方式，因为其中可影响烘焙的变因无数。 一般而言，相较于日晒处理法，水洗处理的生豆需要（并可承受）更高的投豆温度。

---

① 这里提出的数值指的是在批次间烘豆机空转 1 ～ 2 分钟之后豆温探针的温度。

② 根据傅立叶导热定律，距离越远，单位时间内得到的热量越少，故较大豆子的豆心要想得到与较小豆子相同的热量，就需要在豆外提供较多热能。——译者注

预计烘焙时间

投豆温度与烘焙时间一定要一起考量。当其他条件都相同时，若烘焙较快，就需要采用较高的投豆温度。速度较快的烘焙在初期需要建立较大的豆内外温差（ΔT）以确保充分的烘焙发展。不足的投豆温度将阻碍豆内的烘焙发展。同样，速度较慢的烘焙则需要较低的投豆温度。采用过高投豆温度的长时间烘焙会迫使烘豆师过度地延缓烘焙进程，以延长烘焙时长。但延缓烘焙进程可能造成焙烤型的烘焙瑕疵，或抑制烘焙发展。

烘豆师规划烘焙的适当投豆温度时必须考虑前文所述的五项变因（烘豆机设计、烘焙量、生豆大小、后制处理方法以及预计烘焙时间）。例如，使用一台烘焙容量为 30 千克的传统滚筒式烘豆机时，若是投入 25 千克豆形大、密度大的水洗处理肯尼亚 AA 咖啡，并欲用 12 分钟完成烘焙，烘豆师可能会选择 221 摄氏度的投豆温度。但若是相同的烘豆机投入 20 千克豆形小且密度较小的日晒处理巴西咖啡，并欲烘焙 15 分钟，那么投豆温度可能是 193 摄氏度（请忽略此处以大批量肯尼亚咖啡进行比巴西咖啡快得多的烘焙的较不寻常选择）。

上述两例替传统滚筒式烘豆机选择了适当的投豆温度。肯尼亚咖啡的批次、豆形、密度均较大，而且采用的是水洗法处理，因此需要更高的投豆温度。但请注意，上述所举都是假设范例，你的生豆与烘豆机很可能需要采用相当不同的投豆温度。

决定烘焙时间

咖啡烘焙产业里存在一个几乎是普遍的谬误，那就是较慢的烘焙能产生较高的烘焙发展。虽然过快的烘焙的确会产出**发展不足**（underdeveloped）的咖啡，但慢速的烘焙并不是确保产出发展良好的咖啡的必要条件。总烘焙时间与"发展时间"都不是决定咖啡最终烘焙发展的因素。影响烘焙发展的是豆温烘焙曲线整体的形状。

假设使用与该烘豆机实际最大烘焙量（参见第九章《烘焙量》一节）相同或较少的生豆量，那么将会有相当宽广的烘焙曲线与烘焙时间范围，可产出烘焙发展和风味俱佳的咖啡。我无法精确地一一告知读者所有烘豆机的最佳烘焙时间范围，但可提供以下建议作为粗略估计的参考：

表 9-1 烘豆机的建议烘焙时间

建议烘焙时间范围	
烘豆机类型	分：秒
传统滚筒式	10:00 — 16:00
间热滚筒式及筛孔滚筒式	9:00 — 15:00
浮动床式	7:00 — 11:00

任何烘豆机烘焙较少豆量时仅需较短的烘焙时间即可让咖啡充分发展。咖啡生豆的密度、尺寸、含水率及所需的烘焙度都可能影响最佳烘焙时长。

滚筒每分钟转速

滚筒转速基本上根据滚筒内侧直径与烘焙量设定。此设定值应可实现咖啡豆的最佳翻搅混合，以得到均匀烘焙，并将造成豆表焦伤的风险降到最低。基于我个人的经验及对数家烘豆机制造商的非正式调研结果，当烘豆量为厂商宣称最大烘焙量的 60% ~ 80% 时，表 9-2 是对滚筒转速的建议：

表 9-2 烘豆机滚筒的建议转速

建议每分钟转速	
宣称烘焙量（千克）	滚筒转速（r/min）
5 ~ 12	52 ~ 54
15 ~ 22	50 ~ 52
30 ~ 45	48 ~ 50

这些数字是以典型滚筒尺寸为基础的概略指南。滚筒是否达到最佳转速，应以咖啡豆烘焙度是否均一及是否将豆表焦伤概率降至最低为准。

烘豆师在设定滚筒转速时应考虑以下几点：

· 较高转速会稍微增加空气流量与对流热能量。

· 较少烘焙量应降低转速。

· 若是采用的烘豆机易于调整转速，建议随烘焙进程逐步提高转速。如此可让咖啡豆随豆体膨胀的同时维持均匀搅拌与翻转。（可将豆子体积膨胀时类比为烘焙量的增加。）

含水率、密度、尺寸

大部分的烘豆者似乎都通过试错来找出如何烘焙新批次的生豆。这样的过程可能持续数天到数周之久，直到确认适合新生豆的烘焙设定。在试错期间，顾客购买的咖啡会有一致性不佳且常常未达品质标准的现象。

虽然新批次的生豆常常可能需要特别的处理措施，但测量生豆的密度、尺寸与含水率，可帮助烘豆者省去大部分的试错过程。知晓这三项测量数值可让烘焙师预先规划烘焙过程中的热能增减。如何将这三项数值转化为烘焙操作决策的细节其实已超出本书的范畴，但我建议持续追踪每一批生豆的数据（密度、尺寸、含水率）并关注这些测量值与烘焙结果的关联性。

第十章

咖啡烘焙
三法则

The Three Commandments
of Roasting

· 10 ·

　　请不用太严肃地看待"法则"这个词，偶尔违反部分法则也无伤大雅。但若习惯性忽略这些法则，将可能让自己处于不利境地。

　　我作为烘豆师与烘焙顾问已经超过 19 年了[①]，有机会对超过 20 000 批次产自不同机型、不同烘焙法的烘焙成品进行实际杯测并检视烘焙数据。大约 5 年前，我花了数天的时间深入研究如山的烘焙数据，试着在我尝过的最佳批次数据中找出共同要素[②]。我要在此澄清，我不是指那些"相当好"的批次。我只专注于那些非常特殊的、在我实际尝过数月甚至数年之后仍然能在回忆中"品尝到"的批次。那次努力探寻让我产生了"烘焙法则"的想法。

　　只有能够应用于各式各样的咖啡豆与烘豆机的烘焙方法才能逐渐演变为烘焙法则。我已经花了 5 年的时间测试并完善烘焙法则，至今还没有遇到打破烘焙法则烘出的咖啡尝起来比较美味的案例。我也有机会反过来测试烘焙法则：我遇见过一些大方的烘豆师愿意分享其精彩作品的烘焙数据，在检视烘焙数据时，果不其然，这些烘焙曲线也都符合烘焙法则。

　　我无法全盘解释为什么这些方式能有效运作。但我相信，若各位能

[①]　本书于 2014 年出版，作者当时已有超过 19 年的烘焙师 / 顾问资历，故至 2022 年应有超过 27 年的资历。此章节作者多次提及某事件发生的特定时间点，皆自书成时计算，往后不再赘述。——译者注

[②]　我使用铅笔、计算机与表格来编制与分析烘焙数据。如今可以使用如烘先达（Cropster）应用软件中的"烘焙目标报告"（Roast Ranger）功能更有效率地分析烘焙数据。

敞开心胸，谨慎并全面地运用这些技术，您会对自己烘焙成果的进步印象深刻。

法则一：在烘焙初始时应提供充分热能

要烘出咖啡的最佳风味与适当的烘焙发展，在烘焙起始时提供充分的热能是关键。有些烘焙虽然在起始时仅提供少量热能，但仍能将豆心烘焙至充分发展。但这样烘焙的咖啡风味会有所减损，因为烘豆师要补偿初期的热能传递不足而大幅延长烘焙时间。

法则二：豆温进程应总是保持渐缓

每次烘焙豆温的升温速率在一开始会快速增加，再随着烘焙进程下降。这是把室温生豆投入高温烘豆机时的自然现象。烘豆师的操炉目标应是维持升温速率数值总是下降的态势。若是让升温速率在烘焙过程中上升（除了在烘焙头两三分钟升温速率有上升的假象），咖啡豆的烘焙发展会有所减损，而有些咖啡豆潜在的甜味将会因此被牺牲。

升温速率若维持恒定或是在曲线上呈现水平，就算只有一分钟，也会因此摧毁甜味并产生让人联想到纸张、硬纸板、干谷片或是麦秆等"平淡"的风味。每一次尝到咖啡呈现如此缺陷并有机会检视烘焙数据时，我总是会发现升温速率有着平直的段落。

若是升温速率以中速稳定下降，随后突然骤降，豆子的烘焙发展将减少，而且若是没有立即停止烘焙的话，豆子会带有焙烤风味。焙烤风味类似于恒定升温速率造成的平淡、乏味的风味，但是更加极端。当烘焙进程停滞，也就是温度不再上升（升温速率为 0 或是负值），焙烤风味会非常明显，且甜味会完全消失。据我所知，目前尚未建立起咖啡焙烤

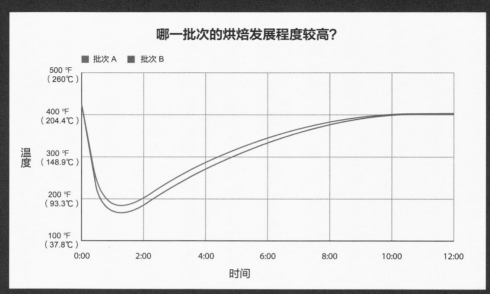

批次 A 与批次 B 有着相同的投豆温度、烘焙结束温度以及相同的烘焙时间。由于批次 A 豆温初期上升比批次 B 快，故批次 A 烘焙发展程度更高

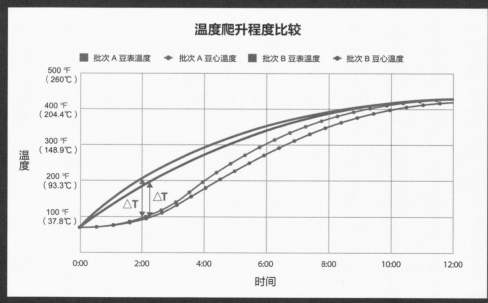

本图描述了于烘焙初期建立较大 ΔT 的重要性。烘豆师于批次 A 烘焙初期施予充分的热能以建立较大 ΔT，这一温差给予豆心动力平顺地在烘焙结束时追上豆表温度。批次 B 烘焙初期缓缓地上升，从而造成较小 ΔT。相较于批次 A，烘豆师于烘焙中期为了能够充分烘焙豆表，施加较多热能以相同烘焙时间达到相同温度。然而对豆心温度而言，这热能来得太晚也太少，不足以让豆心温度追上豆表温度，故批次 B 为烘焙发展不足

风味化学的相关研究①。目前的主流理论是停滞的烘焙温度将导致烘焙发展出的糖链（sugar chain）开始产生交联（cross-link），从而造成甜味下降并产生焙烤风味。

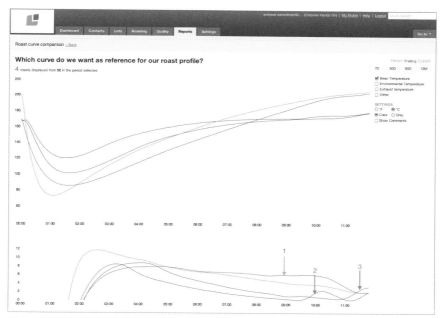

图中上半部显示四条烘焙曲线，下半部则为其相对应的升温速率曲线。1 号绿色曲线有着长时间的水平升温速率阶段，这代表咖啡会尝起来呆板且没有甜味。2 号（蓝色）/3 号（红色）升温速率曲线在部分时段中有升温速率提高（或称为"弹升"）的现象，这显示此二批次在其预期的烘焙度下，其烘焙发展并未达到应有的程度。黄色烘焙曲线及其升温速率曲线则无明显的问题

资料来源：承蒙烘先达提供

---

① 作者当时的确未见关于焙烤瑕疵烘焙风味的研究，但近年已有相关研究。请参见：Yang, N.; Liu, C.; Liu, X.; Degn, T. K.; Munchow, M.;Fisk,I. (2016) Determination of volatile marker compounds of common coffee roast defects. Food Chem. 211:206—214。——译者注

　　为了进一步澄清，接下来的几个烘焙曲线描述了几种不同的升温速率模式。

　　有经验的烘豆师知道，升温速率在特定时机下会有变化的自然倾向。烘焙中最具有挑战性的时刻也许就是一爆了。所以为了达成升温速率的平稳下降，烘豆师应能预知以下常见状态并且做出对应调整：

・在一爆前一两分钟左右，升温速率经常会转为水平。

・一爆期间因为水分蒸发的冷却现象，升温速率倾向于骤降。

・一爆后，升温速率曲线往往转而倾向于快速向上[1]。

・在二爆期间或结束后，升温速率又会开始提高。

法则三：一爆应于整体烘焙时长的 75% ~ 80% 时开始

　　过往经验教会我，自一爆起始[2]到烘焙完成所需时间占烘焙总时长的 20% ~ 25%。换句话说，发展时间比例（development time ratio）应占烘焙总时长的 20% ~ 25%。我能很自信地说，最理想的比例范围其实更狭窄，而且根据烘焙度的需求而调整比例的程度非常轻微。但我目前没有足够的数据可支持这个想法。

　　若是发展时间比例大于总烘焙时长的 20% ~ 25%，咖啡可能会尝起来平淡，反之，若是发展时间比例小于烘焙总时长的 20% ~ 25%，其烘焙发展很可能不足。

　　大多数烘豆师似乎都会将发展时间的调整与烘焙曲线的其他部分分开，但这样的策略经常导致焙烤风味或是烘焙发展不足的现象。与其仅专注于发展时长，我建议烘豆师在烘焙的最后阶段应确保其与整体烘焙

---

[1]　升温速率在两次爆裂期间都有上升的现象，这可能与两个**放热**（exothermic）阶段相对应。

[2]　当烘豆师听到多于一至两声单独的爆声时，即为一爆的起始时间。

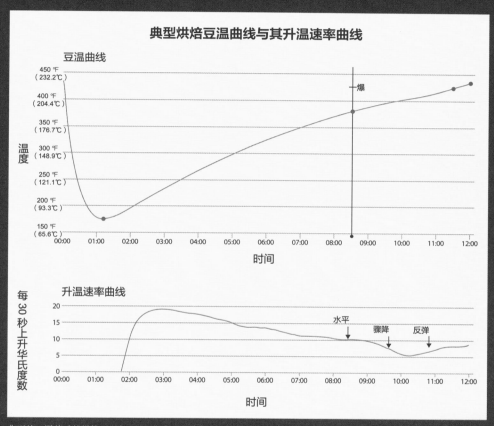

典型烘焙豆温曲线与其升温速率曲线

典型的一爆前后的烘焙豆温与 ROR 曲线，由烘先达软件的银幕截图改编。ROR 的曲线常常于一爆前变得水平，在水汽蒸散高峰期骤降，于一爆尾声时反弹。很多烘豆师已习惯见到这样的 ROR 曲线模式，没有察觉到这已造成对咖啡风味的损害

时长的比例。 我期待烘豆师们发现我建议的比例相当有用，并且在相互交流时，内容会从"发展时间"转为讨论"发展时间比例"或是类似的字眼。

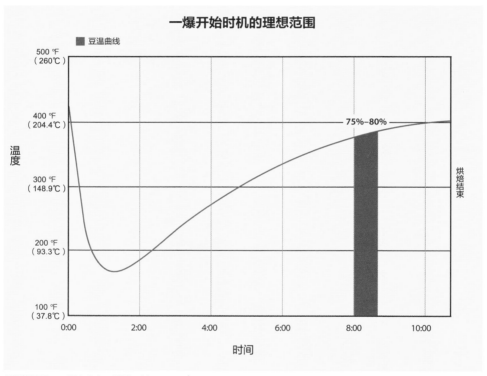

理想状况下，一爆应发生于阴影区域

极浅烘焙的法则运用

　　如同我在前言所说，我的建议适用于"浅烘焙到中烘焙"，指的是在一爆结束后至二爆开始前结束烘焙。我发现，适当地运用三法则于这段烘焙度间总是能改进烘焙结果。

　　但有一个值得一提的特殊情况，就是极浅的北欧风格烘焙。自从本书初版发行之后，有许多烘焙师询问关于极浅烘焙（在一爆中期就停止烘焙）时 20% ~ 25% 发展时间比例原则的适用性。尽管我尝过的最佳烘焙咖啡的烘焙曲线都具有超过 20% 的发展时间比例，但我不建议在一爆期间结束烘焙的曲线符合如此高的发展时间比例。例如，于一

　　一爆犹如发汗。

　　想象你正在户外大热天下跑步，正常状况下，你的身体每一秒都留一些汗，以降低体温，避免过热，这被称为蒸发冷却（evaporative cooling）。假设身体忘记流汗五分钟，然后在第五分钟时一次将汗量都发散出来，在这样不真实的情节中，体温会上升五分钟然后迅速冷却，这样快速的冷却甚至会让皮肤一阵发冷。

　　功能良好的身体应以稳定的速度流汗，就像稳定下降的升温速率。另一方面，先过热再快速冷却的忘记流汗的身体，就像是典型升温速率在一爆前平缓或是上升，然后在一爆开始后骤降。

　　一爆代表水分的释放，如同人体流汗。在咖啡烘焙中，我们凭直觉以为所有的豆子都会在同一时刻爆裂，代表所有豆子的烘焙速率相同。然而，烘豆机里其实充满咖啡豆，要是所有豆子同时爆裂，积累的水分同时释放将使烘焙系统过度冷却（造成升温速率骤降），使得烘焙进程延缓或停滞。

　　若是想要将烘焙持续至一爆结束以后，我会建议维持稳定下降的升温速率曲线，以避免密集的一爆将烘焙环境过度冷却。然而，若是计划于一爆期间停止烘焙，以较高的热能动量进入一爆会是更为睿智的做法，以此尝试让大部分的豆子同步一爆，并在烘焙环境被过度冷却前停止烘焙。

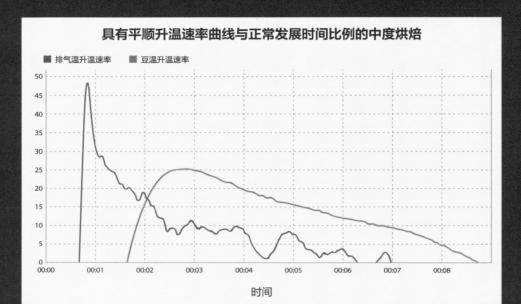

具有平顺升温速率曲线与 20% 发展时间比例的中度烘焙

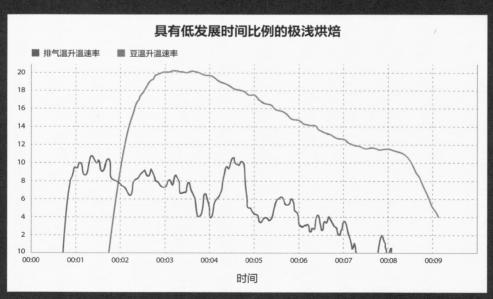

以高升温速率进入一爆并具有低发展时间比例的极浅烘焙

爆开始后数秒即停止烘焙的做法要达到 20% 发展时间比例的要求是不切实际的。

　　我无法替这类极浅烘焙提供理想的发展时间比例范围。预设极浅烘焙的程度及触及一爆时的烘焙动量将影响适合的发展时间比例范围（你可以设想烘焙最后几秒的烘焙动量，可视为发展时间的延伸）。不过我建议，预计烘焙度越浅、发展时间比例越低时，一爆开始时的升温速率应该越高。

第十一章

掌控
一致性

Mastering
Consistency

·11·

如同浓缩咖啡有难以捉摸的"圣杯"（god shot）一样，绝大多数烘豆商偶尔会有品质优秀的烘焙批次，但似乎无法稳定地将其再现重制。烘豆机的热能、生豆的温度与含水率、烘焙环境条件以及烟囱的清洁等变因都有可能减损烘焙的一致性。我在本章中设计了一些方法，好帮助各位控制或是减轻这些变因对烘焙造成的影响。任何烘豆师都能通过遵循这些建议而增进烘焙的一致性。

如何预热烘豆机

几年前，当我们一起杯测一些美好的卓越杯（Cup of Excellence, COE）样本时，我注意到其中一个样本发展非常不足，而另一个样本则发展稍微不足。而其他样本则是程度不一的良好烘焙发展。我突然醒悟，原来这两个样本应该依序是样本烘焙当天的第一锅与第二锅。我询问了杯测承办人他那天早上的烘豆顺序，果然猜对了。

我曾询问过的所有烘豆师都承认，维持一连串烘焙最初几批次的烘焙品质是件困难的事。这问题通常是烘豆机预热不足造成的。大部分烘豆师会将烘豆机预热至预定投豆温度，并让其在此温度上下空转一段时间，通常是 15 ~ 30 分钟，然后烘焙第一锅。这样的预热程序理所当然会让第一锅的烘焙进程与其后连续烘焙的批次相比显得缓慢迟滞。这是因为温度探针无法充分反映出烘豆机的热能状态（参见第九章《投豆温度》一节)。 当冷机开始预热，虽然温度探针很快就显示出空气温度已经达到可进行烘焙的温度，但烘豆机本体远比滚筒内的空气温度低。 若是在这种状况下投入生豆，烘豆机本体就像一个**散热器**（heat sink），将烘焙过程所需的热能吸走，降低了给咖啡豆传热的效率。 在烘完几个批次后，烘豆机的热能才会进入一个平衡区间，并在其后的批次烘焙中随着烘焙进程波动。 为了让一轮烘焙的头几批次品质稳定，在将机器稳定于正常温度之前，有可能反而让机器在预热时过热。 就我所知，目前还没有能准确测量烘豆机热能的实际方法。 不过烘豆师能够用一些明确的实验建立将烘豆机的热能状态带入平衡区间的流程，并于每一系列烘焙的第一批次开始前运用此流程预热。

我建议用下列程序找出烘豆机的高效率预热方式：

1. 将空气流量设置为往后烘焙设定的平均程度。

2. 使用中到高火力将烘豆机预热至比预定投豆温度再高 28 摄氏度的温度。

3. 让烘豆机在此温度下空转 20 分钟。

4. 降低火力，让温度逐渐下降。

5. 当温度数值降到投豆温度时，让烘豆机于此温度空转 10 分钟。

6. 投入第一批次生豆。

7. 使用与其后批次相同的火力与空气流量设定进行烘焙。

8. 与之前一轮烘焙的后面几锅结果比较二者是否有差异。 若是此批次较之前更快，则将步骤 2 的预热温度降低；若较之前更慢，则将步骤 3 的空转预热时间延长。

9. 每天重复步骤 8 直到第一批次的烘焙与其后的烘焙状态完全一样为止。

批次间程序

批次间的流程与起始预热的流程同样重要。烘豆师应于批次间采用相同的流程，在开始下一批次烘焙前将烘豆机的热能状态"重设"于预期的程度。

我建议用下列有实效的范本作为批次间程序。请自由调整此程序以符合个别烘豆机的需求。我强烈建议使用计时器，以确保每一批次间程序都在相同时间进行相同调整。

1. 将空气流量调整至烘焙时会使用的最低值。

2. 在结束前一批次烘焙后，关闭火力1分钟，再调整火力至足以在60 ~ 90秒间将温度提升至投豆温度的程度。

3. 达到投豆温度后，维持该温度空转1分钟。

4. 投入下一批次生豆。

起始预热及批次间程序可作为指南帮助大家以系统化的方式处理热能状态的转换。烘豆师当然需要根据个别烘豆机对这些流程进行调整，以实现每批次烘焙的完美一致性。只需要一些实验，这些流程就能让任何人重复想要的烘焙曲线，而且每一批次都相同，烘焙总时长的差异仅有5 ~ 10秒的差距。

提升烘焙稳定性的其他窍门

有些变因会让尝试重设烘豆机的热能状态变得复杂。这些变因包括批次量、环境温度或是前一批次的烘焙度的差异。因此，重设烘豆机的热能状态就像一门艺术，不过通过运用一些策略，还是能增加成功的概率：

·固定每批次的烘焙量。若是无法统一，就集中相同烘焙量的批次连续烘焙，再进行其他烘焙量批次的烘焙。

· 先烘焙烘焙量小的批次，再依序烘焙烘焙量较大的批次。

· 当烘焙完烘焙度特别深或浅的批次，以及烘焙结束时环境温度特别高或低的批次时，要对应调整批次间程序。例如，结束烘焙度高或是温度高的批次后，烘豆机是比较热的，在此状况下可以延长关火的时间。

生豆保存与稳定性

我想没有人会质疑，将生豆储存于恒温恒湿条件下是好的做法。虽然还是有人可以将储存环境不稳定的生豆烘焙成优秀的咖啡，但适当的储存环境更有可能提升烘焙批次的一致性。我建议大家将所有生豆都储存于可控制气温的环境中。若是这样的做法太困难或花费太高，可考虑建一间"拆包间"（staging room），建置成本很低，只需要装设一台恒温控制的空调机，并将下周要烘焙的生豆放入。至于以密封包装（真空包装或是 GrainPro 包装）储存的生豆，仅需控制储藏温度。若是使用生豆会暴露于环境空气中的包装，比如麻布袋包装，就需要温度、湿度都能够控制。若是已将长期储存的生豆加湿处理过，就须监控霉菌的生成，也可能需要调动生豆堆放的位置，以避免发霉。

环境控制

烘焙厂内外的空气状态会有变化，这是无法改变的事实。除了尝试控制烘焙间的环境条件，我建议烘焙时专注于豆温曲线，并根据环境改变做出调整，以维持预设豆温曲线。烘焙厂外较为干冷的气候会因为**烟囱效应**（stack effect）增加烟囱的吸力，这可能会增加烘豆机的空气流量。所以，可能需要调整烘豆机排气扇或是风门设定，好让空气流量维持稳定一致。 烘焙厂内较冷的空气将会影响燃料与空气混合后的组成（因为空气温度较低且相同体积下含有较多氧气），烘豆师需加以调整，以维持预期的热能传递。

排气管路的清洁

烘焙过程中会排放出**木馏油**（creosote）、咖啡油与因燃烧和烘焙而产生的固体废弃物，这些都会附着于烘豆机排气管道的内壁上。 这些固体逐渐积累在管道上会产生摩擦力并降低空气流量。 要维持稳定的空气流量并减少烟囱火灾的风险，频繁清理排气管道是非常重要的。

安排定期清理的频率依据烘焙量与烘焙度而定。 相较于浅烘焙，较深的烘焙需要更加频繁地清理烟囱。 我对提出一个特定的清理排程建议感到十分犹豫，因为有太多的变数了，但是我建议至少每数百小时烘焙后应清理烟囱。 若使用的是有**后燃器**（afterburner）的烘焙系统，对在后燃器之后的下游管道可降低清理频率。

不同烘焙量批次的管理

烘豆师若了解如何调整几个烘焙变因，在一台烘豆机上烘焙不同豆量不是难事。 最重要的是，当烘焙量少于特定量时，豆温探针将无法完全探入豆堆中，造成温度读值失真。 烘豆师要知道什么时候可以或不能相信豆温探针。 另一个需要考虑的因素是，较小烘焙量的批次可能仅需较低的空气流量、较慢的滚筒回转率、较低的投豆温度以及理所当然较低的火力设定。

一种生豆在不同烘焙量下都能使用相同温度曲线烘焙是很诱人的。 理论上这是可行的，但实际上，想要精确地调整烘豆机的起始热能状态与其后的火力设定，从而让不同烘焙量的批次都能精确地遵循同一烘焙曲线，是几乎做不到的事。比较聪明的做法仍然是替不同烘焙量的批次制定各自的烘焙曲线。（请注意：许多烘豆师相信自己能够在不同烘焙量下完美遵循相同温度曲线进行。然而，若是该烘豆机的温度探针能够提供每一批次头两分钟烘焙的准确温度读值，他们将会目睹自己从未发觉的温度差异。）

第十二章

测量
烘焙成果

Measuring
Results

· **12** ·

为了保持烘焙的稳定，就必须测量烘焙结果。每一位烘豆师都应该在烘豆时使用豆温探针，测量每批次烘焙的失重，并利用咖啡浓度计评估烘焙的发展程度。这些测量工具的费用可负担且易于使用，实在没有不使用这些工具的理由。

关于温度探针

豆温探针是烘豆时最重要的测量装置。不过，豆温探针的读值实际上永远在尝试着追上咖啡豆的真实温度，且读值也仅是豆堆里豆表平均温度的近似值。另一件必须要了解的事实是，各烘豆机的温度读值并不相同。例如两台烘豆机安装的功能良好的温度探针在一爆时的温度读值可能相差 11 摄氏度。

选择温度探针

温度探针的选择可以是电阻温度检测器（resistance temperature device）或热电偶（thermocouple）。电阻温度检测器利用不同温度会使探针中的金属电阻产生变化的原理来测量温度，此类温度探针较热电偶更精确但反应较慢、较为昂贵[13]，也较易损坏。热电偶的工作原理是基于探针内两种不同金属会随着温度梯度产生不同电压的原理来测量温度。

综合考量成本、精确度与灵敏度后，我建议使用 K 型或 J 型的热电偶。 此外，我也建议使用实务上直径最小的探针鞘，以获得最佳灵敏度[32]。 但要注意，若温度探针太细，烘焙时豆子的重量及其在滚筒内的移动可能使探针损坏。 在非常大型的烘豆机进行高载量的烘焙时，烘豆师应使用反应较慢且较粗的温度探针。 对大部分的小型烘豆机而言，直径3 毫米的温度探针是一个好选择。

温度探针的安装

豆温探针应该完全处于滚筒内的豆堆之中，才能提供最准确的温度信息。 若探针接触的空气多于咖啡豆，其读值的精确性就会下降。

请将豆温探针安装于滚筒旋转时的豆堆中心。 请想象烘豆机正面如同一个钟面，并且滚筒以顺时针方向滚转，探针的安装点将会位于 7 点钟到 8 点钟方向（较靠近 7 点钟方向），并且距离滚筒内壁 7 ~ 10 厘米。

装设于 Lilla 烘豆机上的细直径豆温探针

若滚筒滚转方向是逆时针方向，则安装点会位于 4 点钟到 5 点钟方向。

探针需要充分深入豆堆中，埋入深度应至少为探针直径的 6 ~ 10 倍 [13]。若探针干扰滚筒内搅拌桨叶的移动，将探针弯曲可能是可行的方法（请与温度探针制造商确认），但请小心，不可将探针鞘加以急折。我建议将探针顺着豆子移动的方向加以弯曲，借此减少探针的磨损。

失重

咖啡豆颜色与烘焙结束温度虽然是烘焙度的良好指标，但无法让我们得知豆心的烘焙发展程度。若是想测量整体豆子，而不是只有豆表的烘焙发展，我建议计算每一批次的失重率。为了计算失重，需在烘焙前后用精确至 0.005 千克（0.01 磅）的秤测量咖啡豆。两者数值的差距就是失重，而将失重除以烘焙前的豆重即可得出失重率。

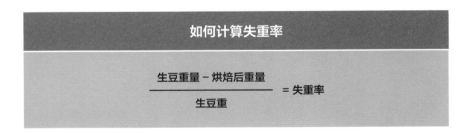

失重率可以帮助烘豆师了解在烘焙期间穿透豆心的程度。例如两个颜色相同的烘焙批次，若第一个批次失重率是 15%，而第二个批次是 14.5%，那么第一个批次的烘焙发展较多。若烘豆师能让每一批次的烘焙颜色一致，那么失重的测量就能针对烘焙发展提供有用且即时的反馈。

但因为起始含水率及其他变因的差异，不同咖啡生豆的失重率数据是不能相互比较的。 就算比较相同生豆不同批次的失重率及烘焙发展，也应该确认两批次的生豆含水率相同。 例如，在 11 月初烘焙一批次新到货的肯尼亚咖啡，其失重率为 14.8%。 生豆在麻袋中储存了一个月后，在 12 月中旬烘焙最后一批次。 尽管烘焙曲线相同，但失重率只有 14%。 为什么会有这种现象？ 因为生豆储存于充满干冷冬日空气的仓库中，失去了水分。

测量烘焙度

目前有各式测量咖啡烘焙度的仪器。 一般而言，操作者会将咖啡豆放置于样本盘上，再将样本盘送入仪器中测量，并得到一个代表烘焙度的读值，然后再对咖啡粉重复相同程序。 全豆与咖啡粉的烘焙度数值的差异就是色差值（spread），色差值越狭窄代表烘焙越均匀。

就我的经验而言，操作者准备样本的方式会严重影响某些此类仪器的判读。 例如，我曾数次目睹两位老练的操作者将同一批次的咖啡分别准备样本并用同一台仪器测量，却得到不一样的结果。 研磨样本的粗细程度、样本表面的平整程度以及其他因素都会影响烘焙度的判读。

我不知道这些差异是什么原因造成的，但如果连老练的使用者都会得到差异如此巨大的结果，我会质疑这些仪器带来的好处。 除了得到可能不稳定的数据，还有购置仪器的费用，加上得到数据的磨粉耗损。 我倾向于用烘焙终点温度、视觉特征（豆色与质地）判读以及计算失重率来衡量咖啡豆的烘焙度。

使用咖啡浓度计评估烘焙发展

咖啡豆可被萃取的程度取决于烘焙发展。 烘焙发展不足将限制咖啡豆的溶解度，从而影响萃取率。 例如两批次颜色相同的烘焙进行参数（水温、萃取时间、粉量、咖啡液重等）相同的意式浓缩咖啡萃取，若 A 批次稳定地有 19% 的萃取率，而 B 批次仅有 16.5% 的萃取率，那么几乎可以确定 A 批次的烘焙发展程度比 B 批次高。 就此而言，咖啡浓度计可提供很客观的烘焙发展程度的评估方式。

在过去 20 年间，咖啡浓度计是对咖啡品质助益最大的发明

第十三章

样本
烘焙

Sample
Roasting

· **13** ·

所有运用于大型烘豆机的原则都可以适用于样本烘焙。许多小型烘豆商老板曾向我表示，比起量产烘豆机产出的咖啡，他们通常更喜欢样本烘豆机烘出的咖啡。事实上，这样的感想并不令人惊讶，因为样本烘豆机与小型店铺使用的烘豆机相比具有更高的火力/烘焙量的比值。如此高的火力/烘焙量比值能够促成好的烘焙发展。然而，大部分的样本烘焙机仅具备基本的操作系统，这让实现烘焙的一致稳定性相当困难。

大部分早期样本烘豆机仅有两处可供调整控制：一处是手动燃气调节旋钮，用于控制火力，另一处则是环境温度探针。若要让这样的烘豆机发挥最大效能，我建议照以下程序进行：

1. 让烘豆机在空转下的环境温度介于 210 ~ 216 摄氏度区间里的某一点。

2. 投入生豆并维持火力设定。

3. 在一爆开始前约 30 秒降低大约 40% 的火力。若如此操作得到的是非常快的烘焙（短于 8 分钟）或非常慢的烘焙（长于 13 分钟，对样本烘焙而言这很慢了），则需要尝试调整烘焙开始前的环境温度。

4. 目标烘焙时间范围为 9 ~ 11 分钟。

这样的调整策略虽然简单，但考虑到烘豆师在烘焙过程中没有什么信息回馈，也没有什么能控制调整的，我们常常能得到令人惊讶的好结果与稳定性。

理想状态下应该将豆温探针用于样本烘焙。但是，许多样本烘豆机

六滚筒样本烘焙机

样本烘焙

难以或是无法将温度探针置于豆堆的理想位置，所以无法得到可靠的豆温读值。若是样本烘焙机没有安装**压力计**（manometer）或是其他可精确显示火力设定的装置，我强烈建议投资装设。使用一台拥有充分控制能力（豆温探针、环境温度探针、压力计等）的样本烘焙机可以完全如同量产烘豆机一般地烘焙，但可能需考虑使用较快的烘焙曲线。

第十四章

杯测

Cupping

·14·

杯测是一种系统性且有点儿标准化的咖啡评估方式。这种方法不需要特别的设备且易于重制，只要有热水与磨豆机，无论埃塞俄比亚的农友还是纽约的咖啡师都能进行杯测。杯测程序让品鉴者能够少量冲煮并快速比对咖啡样本，若有需要，还可以在样本之间来回品评。

如何杯测

以下介绍的是标准杯测程序的高效版本，也许各位会想要更改一些细节，但不管最后采取什么方法，应用于每一个样本的方法都应该一致。

进行杯测将会需要：热水壶一个、容量为 175 ~ 300 毫升的杯测碗或玻璃杯若干、杯测匙若干、每位杯测者一个吐杯、杯测表或笔记本若干、计时器一个、磨豆机一个、电子秤一个以及数个装有涮洗汤匙用水的高杯。

1. 用热水壶将多于所需水量的水煮滚。

2. 每回合的杯测应规划 5 或 6 个样本，但在理想状况下不应超过 6 个样本[①]。

---

① 　有些情况下会需要进行多于六个样本的杯测，但应尽可能限制每轮样本的数量。味蕾在连续杯测的状况下会失去敏感度，这被称为"味觉适应"（taste adaption）现象[33]。

咖啡杯测

3. 若使用容量为 235 ~ 295 毫升的广口杯或瓷碗，则每一杯研磨 10 克①咖啡粉并置入。 研磨度应为中等到细，类似于合宜的手冲研磨粗细。 我建议用咖啡浓度计来辅助决定达到预期萃取率的研磨程度。

4. 嗅闻每个样本研磨后的干香气，这种干香气由挥发性最强或是具有最低沸点的香气分子组成。 干香气的强度显示出烘焙与研磨的新鲜程度。

5. 热水壶内的水煮沸后，打开壶盖让水温降至 96 摄氏度，用此温度的水冲煮（降温通常需 45 ~ 60 秒，若水量较多，则耗时更长）。

6. 将第一个样本杯放电子秤上并归零。

7. 启动计时器。

8. 注入 170 克热水于咖啡粉上，以水流搅拌混合咖啡粉并完全浸湿（也可使用较小的杯子，盛装 7 克咖啡粉与 120 克水）。

9. 将鼻子凑近咖啡液面嗅闻，此时咖啡会呈现最多的湿香气，别错过了。

10. 快速连续地向其他杯中注入热水，并且抽空嗅闻每一杯的香气。

11. 在第一杯静置 4 分钟后破渣（break the crust），并依注水先后顺序替其他杯破渣。 破渣的方式是将杯测匙勺面的 1/2 浸入杯测碗缘，并以勺弧面将表面粉层推开。 同时将鼻子凑近表面但不能碰到粉层，当破开粉层时嗅闻释放的香气。

12. 在每一杯破渣时以又慢又深的呼吸嗅闻，相较于短促嗅闻，慢且长的深吸气可感受更多香气 [33]。 将感受的印象记录下来。

13. 在全部样本破渣之后，移除浮在表面的咖啡渣、泡沫与油脂。以两只汤匙刮过咖啡液面会是较有效率的方式。

14. 自注水后 9 分钟开始依序品饮。 将杯测匙刚好伸入液面下，再将

---

①　最近已可在网上以 20 美元购买到精密度为 0.01 克的电子秤。请用这种精密度的秤来称量杯测用豆。 用精密度为 0.5 克或以上的电子秤来称量，很容易因为称重差异造成每杯萃取率不一，从而导致该次杯测的结论无效。

杯测匙送至唇边，激烈地啜吸咖啡入口，好让咖啡喷散于整个口腔。（许多杯测者倾向于等咖啡更冷一些时试饮。 我建议于能舒服地忍受的最高温度时进行，但不应早于 9 分钟。 咖啡样本于越广的温度范围内试饮越有利。）

15. 专注于咖啡的香气、口感、风味以及其他印象，并进行记录。

16. 将饮入的咖啡吐出。 若是此轮杯测没有太多样本，则可考虑偶尔吞咽一匙咖啡液。 吞咽咖啡可增进**鼻后嗅觉**（retronasal olfaction）[33]的感受，也确保杯测者舌头后面最远端的味蕾有接触到咖啡。

17. 移至下一杯，啜吸与吐出咖啡，直至对样本得到足够印象为止。在两次啜吸之间无须"清洁味蕾"，但每几分钟喝点水漱口，也许能维持味蕾清新并防止味觉疲劳。

18. 在杯测时请写下大量的注记。

19. 暂停休息几分钟，当咖啡样本微温时再次开始啜吸与吐出咖啡的程序。

已可破渣的表面粉层

20. 让咖啡冷却至室温（15 ~ 30分钟），再重复一次啜吸与吐出咖啡的程序。 你会发现咖啡放凉之后会释放出许多新的信息。

杯测的建议

我建议若是可能，尽量在烘焙后隔天杯测，并且应总是盲测，意思就是杯测者不知道饮用样本的身份。 要设置盲测，可以在注水前在杯底标注身份，或是请不会参与杯测的人帮忙安排盲测。 每一个人都有偏见，所以盲测是唯一确保每个样本都受到公平检视的方式。 这也是学习与增进个人品尝技巧最有效的方式。

杯测唯一不可违背的原则就是所有咖啡样本的处理必须完全一致。 每一杯的研磨设定、咖啡豆量、注水量、浸泡时间等都应一致。 当杯测程序被妥善地执行，所有感受到的感官差异都来自咖啡本身，而不是杯

高压力的盲测

测程序的人为差异造成的。仅仅单纯向其中一杯多注入 10 克水（如果称量注水后的杯子，你就会发现这很容易操作），就会显著改变这杯样本的萃取、风味与醇厚度。

利用杯测也可以测试一个变因造成的影响，例如研磨设定、生豆品种、烘焙曲线或冲煮温度等。若样本间只有欲测试的变因不同，这样的杯测就能够提供可信而实用的信息。

我建议使用咖啡浓度计来辅助，使个人的杯测萃取率与典型冲煮的萃取率达到平衡。例如，若你的意式浓缩咖啡与滴滤冲煮的萃取率是20%，那么杯测的萃取率也应该是20%。但是，我建议杯测的咖啡浓度应该稍低于你自己喜欢的浓度。1.15% ~ 1.35% 的杯测咖啡浓度应该已

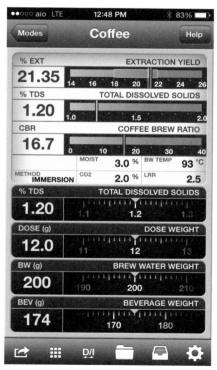

最近一次杯测的萃取率测量

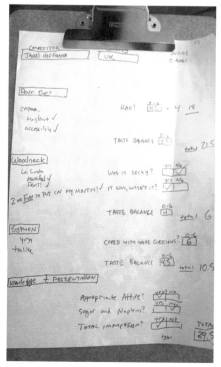

评审 Babinski 的评分表

能提供充分的强度，让杯测者能够充分地辨别醇厚度的感受，同时也有适当的淡薄感，能提供优越的风味清澈度。大部分专业从业者喜欢饮用较浓的咖啡，但额外的浓度可能会阻碍辨别咖啡细微风味的能力。对我而言，杯测不是为了将饮用的乐趣最大化，而是为了将分析咖啡品质的能力最佳化（当然，我也希望这是令人愉悦的）。

杯测的各阶段

杯测的各阶段提供了检视样本的不同角度。杯测者应充分利用所有阶段，尽可能收集杯测桌上每杯样本提供的信息。

干香气

嗅闻干咖啡粉能够分辨出该样本是否烘焙过度或烘焙过程中空气流量不足。干香气也能暗示该样本的花香或果香调性，若是有陈年（aged）、**过度发酵**（ferment）或是未熟果实（underripe）等瑕疵造成的气味，也能在此阶段闻到。

湿香气

咖啡粉与水接触之后，越快嗅闻到湿香气越好。香气的释放与温度相关，温度最高时是香气的最高峰。我发现这也是发现烘焙发展不足现象的最佳时机。若是湿香气中可闻到咸鲜或植蔬型香气，则烘焙发展很可能不足。

高温时的品尝

啜吸咖啡时请不用顾及礼貌。杯测时的响亮啜吸声是对咖啡的致敬。（事实上，在某次我不希望被认出是专业咖啡师的杯测会中，正是响亮的啜吸声出卖了我。）激烈地将咖啡在口中雾化可增加香气的量，也加快了香气传送到鼻腔的速度，从而增进鼻后嗅觉的感受。

尽管饮用时咖啡停留在口腔中，但鼻子承担了大部分的感官功能。舌头仅能感受苦、酸、甜、咸、鲜五种味觉，鼻子却能分辨数以千计的香气化合物，且其浓度往往仅有数十亿分之一。每一种咖啡都有由数以百计的挥发性香气分子组成的独特香气指纹。这样独特的挥发香气组合可让杯测者仅凭一次嗅闻就得以辨别两种类似的咖啡。是鼻后嗅觉而非味觉提供了杯测时大部分的感受。

低温时的品尝

热咖啡会比冷咖啡尝起来更酸。趁热评估酸质、明亮度、甜味、平衡感与许多其他特征会是最佳的时机。不过酸质也像一片浓雾，掩盖了隐藏于其下的许多精妙特性。当咖啡冷却且大部分的酸质消退之后，其他特质开始变得清晰，尤其是生豆的瑕疵与特定烘焙瑕疵。

如何诠释杯测结果

本书主要讨论烘焙而非生豆品质评估。生豆品质既非本书讨论范围，坦白说也非我的强项。我在此仅专注于讨论如何将烘焙曲线的观点转化成杯测桌上的感受。要做到这点，杯测者需能分辨什么感官特质属于生豆自身特性，而哪些感受主要由烘焙曲线造成。这种技能的养成需要丰富的经验，且最好有技艺娴熟的咖啡师指导。

咖啡生豆的化学成分及其经历的烘焙过程共同构成杯中咖啡的风味。但出于实用目的，杯测者会以何者占较大影响来分类。例如咖啡尝起来有草味、咸鲜味、焙烤味、焦味或烟味时，通常被合理地视为是烘焙错误造成的结果。烘焙过程也会很大程度地影响一杯咖啡的酸味、甜味、焦糖味、又苦又甜等风味的平衡。另一方面，咖啡生豆自有的特征会通过特有的香气及特别的风味调性展现，例如"覆盆子""薰衣草""土味"等。可以说，较浅的烘焙能够让杯测者发现更多属于咖啡自身独有的特质。

表 14 - 1 是常见的错误烘焙造成的对应感官特征及修正烘焙的方法。

我了解到其他人也许会难以将对风味的描述与感受联系起来，因为不同杯测者描述特定品质所使用的字眼往往不同。若是将此表格当作参考，并且就表中所做的建议加以试验，那么在使用表格一段时间之后，其内容会越来越合理。若是想要亲身体验这些特质并矫正烘焙缺失，请考虑利用"烘焙瑕疵训练套组"（2015 年初于 www.scottrao.com 有供应）。

以下范例展示如何使用表格中的建议：若一个浅烘焙肯尼亚样本的杯测记录是柠檬、蓝莓与青草味以及硬纸板、烟熏的味道，此外还发现酸质强度比喜欢的程度高，我会将柠檬与蓝莓味归类为咖啡豆自身的特质风味，而青草味、硬纸板味与烟熏味是烘焙时人为造成的。有青草味代表可以有更多的烘焙发展，烘焙发展的增加也代表可以降低过多的酸质。烟熏味代表需要更多的空气流量，而硬纸板味意味着水平的升温速率曲线。

要改善这批次的烘焙，我的建议如下：

·较高的投豆温度或是较高的火力设定以提前开始烘焙发展。

·增加烘气流量，尤其是后 1/3 段的烘焙，以避免烟熏味。

·调整火力设定，以形成平稳下降的升温速率曲线，并避免出现焙烤风味。

表 14-1 常见的错误烘焙及其对应感官特征与修正方法

风味	意涵	最可能的修正方法
咸鲜味或肉汤味	发展非常不足	在烘焙第一分钟采取高火力设定或使用更多气体，以产生陡峭的初期升温曲线。确保发展时间比例高于 20%
青草味	发展中等不足	中等程度地拉升初期烘焙曲线，并确保发展时间比例高于 20%
不熟酸味或未熟水果味	豆心有发展但烘焙太浅	稍微提升烘焙曲线，或若是可能，烘深一点。确认杯测萃取率可达 19% 以上，因萃取不足也可能产生酸味。确保发展时间比例超过 20%
纸味、硬纸板味或麦秆味	焙烤	让豆温曲线变得较为平顺，确保升温速率曲线没有变水平或骤降
烟熏味（非深烘焙）	烘焙末段空气流量不足	增加空气的流量，尤其在烘焙的最后 1/3 段
湿软的谷片味	空气流量不足或是锯齿状的升温速率曲线	于烘焙的初段与中段测试空气流量，若是流量充足，则尝试将升温速率曲线变得平顺。确保燃气的供应稳定没有压力波动（需要装设压力计）
焦味	因滚筒过热造成焦伤	考虑较慢的烘焙或以较低的最大火力设定重塑烘焙曲线
胆汁味，刺激味或烟熏味	空气流量不足	增加空气流量（我常常在再循环式烘豆机的产品以及空气流量极低的浅烘焙咖啡上发现这类风味。这种风味在深烘焙时会转化为较为一般的烟熏味）
苦甜味	轻度过度烘焙	除非这种风味正好是所需要的，不然就烘浅一点
呛苦味	绝对是过度烘焙	进行较浅烘焙，并确保烘焙后段有足够空气流量
碳化味	荒谬的过度烘焙	进行浅很多的烘焙，增进感官能力，或是考虑转行

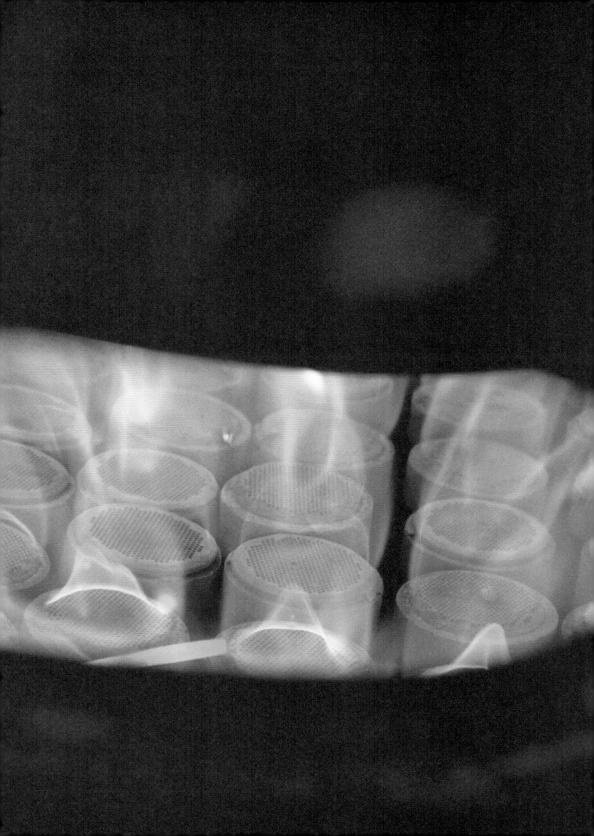

第十五章

烘焙、冲煮
与萃取

Roasting, Brewing, and Extraction

·15·

　　到底应该将咖啡烘至多深呢？我无法替大家回答这个问题。但若你同时擅长烘焙发展与咖啡萃取，你会发现自己喜欢的烘焙度会越来越浅。烘焙发展与萃取不足常常造成咖啡尝起来有尖锐或是不熟的酸质。这会导致烘豆师烘得较深，以缓和前述现象。虽然较深烘焙可以减少这些令人不悦的风味，但随着失重的增加，甜味与香气也随之下降。本章的目标是学习如何鉴别烘焙发展与萃取的问题，从而帮助烘豆师烘得更浅（如果他们想这样烘焙的话）。

测试烘焙发展

　　烘焙越浅，想让豆心发展完全便越具挑战性。当烘豆师发现难以使豆心发展时，往往会采取加深烘焙度的策略，以增加得到良好烘焙发展的机会。理想中，当烘豆师挣扎于烘焙发展时，应该找寻如何能在想要的烘焙度上增加烘焙发展，而不是以烘深来掩盖发展不足[①]。

　　若你想测试并校正你的烘焙发展，尤其当萃取率不容易达到 19% 以上时，我建议考虑购买一个绝对具有良好烘焙发展的咖啡作为对照组。请不要购买当下流行的第三波咖啡烘焙商的浅烘焙咖啡，因为他们仅有

---

① 我并不支持为了浅烘焙而浅烘焙。在搞清楚如何将咖啡豆在特定烘焙度下发展完整之前，烘豆师应该烘得稍微深一点，以确保烘焙发展完全。我相信焦糖风格的中烘焙会比又酸又有蔬菜味、发展不足的浅烘焙更受人喜爱。

极少数产品具有稳定且充分的烘焙发展。相反，我建议使用我向 VST 公司的文斯·费德勒（Vince Fedele，咖啡浓度计的发明者）学来的招数：购买浅至中烘焙的意利（Illy）咖啡豆。尽管意利咖啡的生豆选择或是烘焙可能不符合你的个人喜好，但它是确定具有充分烘焙发展的咖啡（若各位想要获取其他关于获得充分烘焙发展咖啡豆的建议，请发电子邮件至 scottrao@gmail.com ）。

你所烘焙的咖啡的萃取率应该近似于这些对照组咖啡，不过，若是极浅烘焙但发展充分的咖啡，其萃取率可能会比控制组低 1% 左右。

校正萃取率

如同烘焙发展不足会使烘豆师增加烘焙度，习惯性地萃取不足也会影响烘豆师对烘焙度的选择。萃取不足的咖啡往往导致杯中呈现未熟酸感，尤其是在萃取意式浓缩咖啡时。没有发现咖啡其实萃取不足的烘豆师，常常尝试以较深的烘焙度或是延长一爆后的烘焙时间（但这反造成焙烤风味）来降低酸质。若确认是以具有适当萃取率的咖啡来评判烘焙，这些烘豆师能产出更好的咖啡。我建议使用咖啡浓度仪频繁地检测萃取率，以确保所有烘焙样本的评估都是在磨豆机处于最适合萃取的状态下进行。大部分萃取方式的理想萃取率范围通常落于 19% ~ 22% 之间，依使用的磨豆机及其刀盘的锋利程度而定。若要更深入探讨这个主题，请参见我写的电子书《意式浓缩咖啡萃取：测量与精通》（*Espresso Extraction: Measurement and Mastery*，亚马逊网站有售）。

作为实际应用上的基准，在意式浓缩咖啡萃取粉液比为 1 ∶ 2（50%，也就是咖啡干粉量为收取咖啡液重的一半）的状况下，请将目标萃取率设为不低于 19.5%。举例而言，若使用 18 克咖啡粉萃取出 36 克意式浓缩咖啡，则其测量出的萃取率应为 19.5% 或更高。

　　若是在 1 ： 2 粉液比的情况下，你的烘焙无法达到平均 19.5% 的萃取率，首先要检查烘焙的发展是否充分（理想情况下，通过与前述对照组咖啡比较萃取率来鉴别）。若是确信烘焙发展充分，接下来可以思考可能是不恰当的冲煮水质、不佳的研磨品质或是不良的冲煮技术等原因限制了萃取率。总可溶固形物（total dissolved solids）过高或是经人工软化的硬水等不合格的冲煮水都是溶解效力很差的溶剂，会限制咖啡的萃取。研磨品质不佳通常是因为刀盘过小或过钝而产生许多细粉与**极粗粉**（boulder），因此降低了萃取率。如果发现意式浓缩咖啡萃取不稳定的现象，甚至发生于萃取同一批次咖啡时，很可能是不良的冲煮技巧造成的。

我在安迪的厨房里尝过一些美妙的意式浓缩咖啡

意式浓缩咖啡的烘焙

大部分烘豆师将他们的意式浓缩咖啡烘得比其他咖啡深。 这是可以理解的，毕竟大部分萃取出的意式浓缩咖啡最终都会成为奶咖产品。 大部分的浅烘焙要么没有足够的风味强度以与数盎司的牛奶达到平衡，要么酸质太强，而无法与牛奶的风味互补。 除用于奶咖产品的意式浓缩咖啡豆需要较深的烘焙度，我不认为意式浓缩咖啡萃取需要做出任何特别的烘焙调整。

不管为什么冲煮方法烘焙，目标都是在求取想要的酸甜平衡的同时尽量将烘焙发展最大化。 烘豆师若是遵循本书的烘焙建议并适当萃取意式浓缩咖啡，会发现自己为直饮意式浓缩咖啡（不带奶的意式浓缩咖啡）所做的烘焙与为其他冲煮方式所做的烘焙其实一样或非常接近。

如前文所述，烘焙发展不足与萃取不足常常会对烘焙的决策产生负面影响。 就意式浓缩咖啡而言，在咖啡浓度计尚未发明之前的二十余年间，精品咖啡界同时朝着降低烘焙发展及降低萃取率两个趋势而去，也就是浅烘焙及短萃意式浓缩咖啡（ristretto espresso）。 当越来越多激进的烘焙商采取浅烘焙的风格，萃取不足的咖啡开始泛滥。 与此同时，当萃取不足日渐普遍时，短萃意式浓缩咖啡就成了第三波浪潮咖啡店里的新宠[1]。

咖啡浓度计替烘焙师与咖啡师的萃取进行客观测量，也降低了第三波咖啡浪潮对萃取不足之短萃意式浓缩咖啡的痴迷，又进一步帮助烘豆师了解如何有效地发展烘焙。 我希望本书的资讯（尤其是第十章《咖啡烘焙三法则》）能够帮助烘焙师改善咖啡的烘焙发展。

---

[1] 有两个值得注意的例外，其一是北欧的烘焙商，总是浅烘焙并且通常技巧纯熟，其二是意大利咖啡商，通常总是烘得稍深并有着适当的萃取程度。 这两类烘豆者大都不会跟随萃取不足与烘焙发展不足的双重趋势。

咖啡配方

虽然当今的潮流是提供单一产区咖啡，但过往的常态多为冲煮数种豆子组成的配方。配方咖啡的好处是烘焙师可以创造出不存在于任何单一产区咖啡的独特风味模式。除此之外，烘豆师也得以提供全年具有相对稳定一致风味模式的配方。轮替的咖啡豆是烘豆师根据成本、供给或风味来选择的。此外，还可以投资行销该配方的名称。拥护者认为配方可以带来稳定一致性，然而怀疑者认为这只是一种省钱与误导消费者的方式。例如，标示着"可娜配方"的咖啡可合法地仅含有10%来自可娜的咖啡。

烘焙度不一致、全年都在变化的生豆品质与风味，还有咖啡采收品质的差异让制作咖啡配方本质上变成一种挑战。简而言之，做配方的公式中有太多变数了。我会建议配方的制作以感官为基准，但要明白结果永远不会完美地稳定一致。

烘焙师们常常辩论烘焙前配豆（"生拼"）与烘焙后配豆（"熟拼"）的优劣。我相信只要运用得当，两种方式都能得到优秀的结果。但就个人而言，我倾向于可根据感官感受来进行的熟拼。

对于熟拼，我建议按照下列步骤：

1. 对所有可能成为配方成分的咖啡进行杯测，进行较大量的冲煮，比如20克咖啡粉兑320克水。

2. 以汤匙捞取想要测试的成分比例至一个空杯中。比如，若要做一个三等分的配方，就每种成分各取一勺至空杯中。若是想测试50/25/25的配方，就第一个成分两勺，其余各一勺。

3. 品尝配方后再重复以勺为单位任意调整配方比例。

4. 确认配方比例后，以正常方法冲煮，以确认刚刚杯测的结果。

若是选择生拼，我建议符合下列所有准则，以确保良好的配方效果：

·烘焙前数天即先混合配方，好让不同生豆的含水率达到平衡。

·仅将生豆大小与密度非常相近的生豆用于配方中。

·仅将相同后制处理法（例如，全水洗或全日晒配方）的生豆用于配方中。

SWEETLEAF
COFFEE · ROASTERS
NEW YORK CITY

COLD BREW

第十六章

熟豆的
储存

Storing Roasted
Coffee

· **16** ·

新鲜烘焙后的咖啡豆约含有占其重量 2% 的二氧化碳与其他气体。豆内的压力会导致这些气体于烘焙后的数周慢慢开始**解除吸附**（desorb），也就是释放出来。在烘焙后的约前 12 小时内，豆内的压力高到足以防止多量氧气进入豆体结构中，在这之后，氧化作用将使咖啡开始老化，并降解咖啡的风味。

熟豆内的气体组成、内部压力以及排气率都受到烘焙方式的影响。烘焙温度较高或烘焙度较深会产生较多的气体、豆内压力以及更具延伸性的细胞结构，并具有较大的孔洞。这些因素会造成较快的气体脱附作用，并加速烘焙后的老化现象。虽然我并不认为烘豆师应该仅仅为了增加上架期就改变其烘焙风格，但了解深烘焙咖啡的排气与老化比浅烘焙咖啡更快是很有用的。

烘焙发展程度也会影响排气速度。若豆子的烘焙发展不足，其部分纤维素结构仍然强韧且多孔性很低，故会将气体留存于豆内腔室中。若密封袋装咖啡熟豆明显缺乏排气，很可能是烘焙发展不足的征兆。

以下为现行数种储存熟豆的方式及其优缺点：

· 无密封容器

· 单向阀袋

· **真空密封**（vacuum sealing）单向阀袋

· 充氮单向阀袋

· 气密袋

· 充氮加压容器

· 冷冻

无密封容器：若储存于未密封的袋中或是其他充满空气的容器（比如有盖的桶）中，咖啡会老化得非常快。理想状况下应于烘焙后两三天内使用完。

单向阀袋：在精品咖啡业界，单向排气阀包装袋已是业界标准。气阀允许袋内气体逸出袋外，并大致可防止袋外空气进入。如此包装内的咖啡可保持新鲜达数周之久。在数周之后，最明显的变化是袋内咖啡丧失了二氧化碳与香气。丧失二氧化碳的现象在意式浓缩咖啡萃取时尤其明显，因为萃取出的意式浓缩咖啡缺乏泡沫层（crema）。

真空密封单向阀袋：真空密封大幅减少了袋中咖啡的氧化，减缓了风味的流失。

一间新兴烘焙商的咖啡封装于单向阀袋中

充氮单向阀袋：将单向排气阀袋以氮气充填，可将袋中咖啡氧化的可能降到几乎为零。不过，单向阀袋虽然有效地限制了氧化反应，但对防止豆内压力气体的散逸几无成效。若是在储存数天到数周之后打开单向阀袋，袋中咖啡老化的速度会比新鲜烘焙的咖啡豆快，因为袋中的咖啡豆缺少可阻挡氧气进入咖啡豆的气体压力。例如，存于单向阀袋中一周的咖啡豆拆封时尝起来是新鲜的，但在一天内就会消解成尝起来如同在未密封袋中储存了一周的咖啡。

气密袋：现今少有烘豆商使用密封袋了。虽然包装袋可以阻挡氧化作用，但咖啡豆的排气会导致包装膨胀，造成储存与处理时的不便。

充氮加压容器：这是储存咖啡最有效的方式。充氮可防止咖啡氧化，而加压容器（通常是金属罐）可以避免咖啡豆排气。若将容器存于较冷温度下（越冷越好），则可减缓老化，让咖啡在烘焙后数月内仍尝起来是新鲜的。

冷冻：虽然仍有人对此方法持怀疑态度，但冷冻已经被证实是非常有效的长期储存咖啡的方法。冷冻可降低超过 90% 的氧化作用并减缓挥发性香气的移动[34]。其实无须担心新鲜烘焙熟豆中的水分会冻结，因为水分子已与豆体的纤维素基质结合而无法冻结[35]。最佳的冷冻包装方式是将咖啡熟豆以单份（单壶份或是单杯份）封入气密包装［比如密保诺（Ziploc）密封保鲜袋］内，使用前先将整份包装移至室温，待咖啡回温后再拆封进行研磨。

第十七章

选择
烘豆机型

Choosing
Machinery

· 17 ·

选择一台烘豆机犹如做出一个长期承诺，我当然希望读者们在购买之前都做足了功课。大部分小型烘焙商，尤其是第一次购买烘豆机的人，并没有经验足以妥适评估烘豆机的表现。在你做出对公司而言最重大的投资决策之前，我建议先寻求专家的意见。因为现今市场上大多数的烘豆机都可能限制产出咖啡的品质及稳定性，然而烘豆机的销售代表可能会疏于告知你这些信息，所以你一定要慎重选择。

挑选烘豆机时的要点

每个烘豆商选择烘豆机时都有其独特的喜好与需求。比如说是否符合特定审美观、机型尺寸是否符合空间限制，以及售价等。虽然我无法对这种特殊需求做出建议，但我提出下列技术建议，好帮助各位选择烘豆机。

烘焙量

首先要决定所需的批次烘焙量。其次，以烘豆机制造商提供的烘焙量作为起点，查看该机型的产热能力有多少，借此判断该机型的实际烘焙量可能是多少。最后，由于每台烘豆机的热传递效率不同，我建议联系几位该机型的用户，询问他们常用的烘焙量与烘焙时间。综合这三项信息，你就会对该机型的实际烘焙量有个概念了。

构型

烘豆机的构型可能是对产出咖啡品质影响最大的因素。我确信各位现在已经猜到，我建议使用单通烘豆机而不是再循环式烘豆机，尽管后者有较好的能源效率。而且我推荐间热式或是双层滚筒式烘豆机，而不是传统半热风机。一台单通双层滚筒式烘豆机或是间热式烘豆机可将能够产出优良咖啡的概率最大化，并将因豆表焦伤或多烟雾环境造成瑕疵风味的可能降到最低。

滚筒

若选择购买滚筒位于火排上的传统滚筒式烘豆机，那么我会建议选择滚筒材质为碳钢的烘豆机。与普遍的认知相反，古早德国制铸铁烘豆机的滚筒材质是碳钢而非铸铁。此类型的烘豆机及其他许多烘豆机常常装设有铸铁材质的面板、辐条与桨叶，但其实滚筒是钢制的。我曾见过一台使用铸铁滚筒的烘豆机（一家小型较新的烘豆机制造商）和一台使用铁皮滚筒的烘豆机，但其他我见过的烘豆机都是钢制滚筒。

大部分的滚筒材质都是碳钢，但有些制造商最近开始采用不锈钢作为烘豆机滚筒材质。这种做法似乎相当合理，但我没有使用这种材质烘豆机的足够经验来评价其效能。不锈钢滚筒也许比低碳钢滚筒更易于形成热点，但因为滚筒的滚转与足够的厚度，这可能不是严重的问题。

空气流量

我仅遇到过极少数烘豆机有空气流量不足的现象，但空气流量调节机制不良的烘豆机倒是碰到过较多。理想状况是排气风扇的转速应该可即时无段调整。细微的空气流量调整可让烘焙曲线变得平顺。至于通常以手动阀门控制、产生两段或三段明确空气流量段差的烘豆机，会对控制烘焙有所限制，但尚可接受。不仅因为空气流量段差过大，导致烘豆

单层钢制滚筒

师必须折中采用次佳的烘焙设置，也因为改变设置时流量大幅改变，造成应避免的对流热传递速率的跃升。有些烘豆机使用单一风扇吸取通过滚筒与通过冷却盘所需的空气。我不建议使用这种设计的烘豆机，因为豆子在冷却时会阻碍滚筒温度在锅间的管理，若开始烘焙时前一批次豆子还在冷却，将让烘焙初期的空气流量选择受限。此外，大部分这种机型的冷却效率都太低，因为其冷却能力几乎难以与具有专用冷却风扇的机型匹敌。

满载批次的咖啡应于 4 分钟或更短时间内冷却至室温。我建议一定要在决定购买之前进行冷却能力的测试。快速的冷却可以避免焙烤风味及丧失甜味的现象出现，也有助于更加精确地结束烘焙过程。

火力控制

除了要有充足的火力，烘豆机还应具备无段调整的火力控制设备。事实上每一台批次烘焙量为 30 千克或以上的烘豆机都具备无段调整的能力，许多较小型的烘豆机仅提供分段式火力调整，甚至只有两段或三段火力调整。要复制烘焙曲线于不同烘焙量的批次时，无段调整提供了许多调整弹性。我曾询问多家烘豆机制造商，为什么大型烘豆机可以装设无段火力控制，但是小型机只有分段控制。他们通常回以模糊不清、难以理解的答案：小型机的"物理特性不同"。到目前为止，无人提出令人信服的论据可支持有段火力调整带来的好处。我个人猜想，之所以制造商仅装设分段火力控制于小型烘豆机，其真正原因是这样的火排的生产成本低得多，在小型烘豆机市场上较具价格竞争力。

滚筒转速

可调节的滚筒转速可能是烘豆机控制项目中最不重要的一项，但可帮助微调烘焙。烘焙进行时，咖啡豆会膨胀，这会改变豆子在滚筒里翻

不过，这并非调整空气流量的最好方式

转的方式。 逐渐小量地调升滚筒的转速可让滚筒内的咖啡在膨胀时持续维持理想的翻转以达到均匀的烘焙。 此外，可调滚筒回转速对不同烘焙量的烘焙调整也非常实用。

烘焙资料记录软件

现今的成功烘豆师能自如运用从全手动到全自动的所有机型的烘豆机。 不论你如何看待烘焙科技，我建议至少使用一只数位豆温探针、一只数位环境温度探针、一个压力计或是其他类型的燃气压力显示器。 若没有使用自动烘焙曲线软件，我会建议装设烘焙数据记录软件，像是烘先达，来追踪并记录烘焙曲线。 这样的软件能提供即时的图形反馈。 关于烘焙进程、曲线追踪，如烘先达能提供不可或缺的升温速率曲线。 这些程式并没有控制烘豆机，但为即时烘焙状态反馈与记录保存提供了现今最佳的选择。

请注意，若要将一台古董烘豆机升级成可与现代科技共同工作的机器，会是一项既令人头痛又代价高昂的事。将老旧零件更换为数位温度探针、电磁阀、变频马达等种种杂事需要花费比任何人预期的更多的时间与金钱。改装的花费比烘豆机本体还高并不是件不寻常的事。若这类型的翻新计划不是你想要的，可以考虑改为购入较为现代的机型。

自动烘焙曲线软件

烘焙记录软件可追踪烘焙历程，但不能控制烘豆机，而自动烘焙曲线软件可追踪并通过反馈回路控制烘焙过程。这类软件通过在烘焙中控制火力与空气流量来尝试跟随范本曲线烘焙。当现行烘焙曲线没有准确地跟随范本曲线时，软件会让烘豆机做出细微的调整，调整频率可能高达每秒数次，使曲线能与范本重合。烘焙曲线软件的运作如同人开车一般，没有人能完美地一直维持直线前进，而是通过一连串微调让车子方

压力计

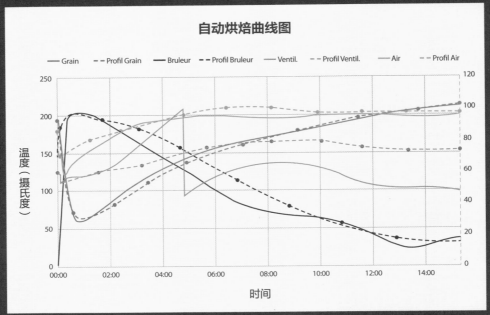

该品牌的软件追踪预设曲线烘焙的能力优于大部分其他产品，但在本例中软件突然改变排气风扇的转速，急切地想要让豆温与范本相符，大部分的自动烘焙软件似乎都会在出乎意料的时刻做出类似的极端调整

附设后燃器的 Joper 烘豆机（图中左上方的不锈钢圆桶即为后燃器）

向尽可能维持直行。

　　一个设计优良的自动烘焙系统理论上比人为操控有更好的稳定性，但现今市面上大部分的系统都难以可靠地再现烘焙的结果。虽然销售部门宣称的是另一个方向，但现今的自动烘焙软件还是无法让每一批次精准地跟着范本曲线烘焙，至少还不能脱离一些会影响咖啡风味的调整技巧。当一批次的烘焙曲线偏离了范本曲线时，烘焙软件常常会过度反应而剧烈地调整火力或是排气风扇的转速，好让烘焙曲线与范本相符。在这样的批次中，软件可能可以成功复制烘焙曲线，但该批次的杯中品质往往与预期中范本烘焙的风味相去甚远。

　　也许你不打算使用自动烘焙曲线软件来烘焙，但若可以负担，请考虑购买这类软件来执行控制烘焙之外的事，比如利用自动烘焙来控制烘豆机的起始预热程序、批次间准备程序以及烘焙段落结束进入冷却的阶段，这样可以让烘豆师执行其他的任务，以提高生产力。根据自动烘焙软件的控制能力，也许可以让软件控制某些烘焙的特定阶段。另外，这些软件对过往烘焙批次的记录与曲线的整理在规划未来烘焙上相当有用。

污染防治设备

在购买烘豆机的时候一定要同时决定是否需要污染防治设备。烘豆商最常采用的是后燃器，偶尔会采用**静电集尘器**（electrostatic precipitator）或是**湿式涤尘器**（wet scrubber）。

咖啡烘焙会产生非常多脏污的排放物，其中许多是致癌物，包括挥发性有机化合物、醛类化合物、含氮化合物、含硫化合物以及一氧化碳等。从烘豆机排出的烟雾含有的悬浮微粒会造成空气污染，所排放气体的气味也常常扰邻。大部分法令并没有要求小型烘豆机装设空气污染防治设备，但若没有装设，可能导致烘豆商忙于处理并面对因排放烟雾与气味使邻居提出投诉的问题。我经营第一座烘焙厂时曾有过一段漫长、压力高涨且花费庞大的邻里冲突，尽管我当时每周仅在小镇的商业区进行 10 小时每批次 20 磅烘焙量的生产。我的建议是做功课了解你所处地当地政府的要求，并在装设烘豆机之前尝试了解邻居们能够接受的程度。提前做一点调查可能会为你省去后续的许多麻烦。

主要有两类型的后燃器可供选择：**直燃式焚化器**（thermal oxidizer）与**触媒式焚化器**（catalytic oxidizer）。直燃式焚化器将烘豆机排出的废气加热至大约 760 摄氏度并维持约 0.4 秒。其消除烟雾、挥发性有机化合物以及气味的效果良好，但很耗费燃料，通常为其搭配两倍于烘豆机的燃料消耗量。触媒式焚化器使用贵金属触媒与废气中的挥发性有机化合物反应，产出二氧化碳与水。触媒用以加速化学反应，使反应在较低温度下发生。触媒式焚化器比直燃式的燃料耗用率低，但需要定期更换触媒并频繁地清洁，以避免造成背压，从而干扰烘豆机的空气流量。

　　我个人曾有过一套由湿式涤尘器、静电集尘器与 500 磅活性炭颗粒除味箱组成的空气污染防治系统。虽然在我使用这一系统的不愉快经历之后，这些科技可能已然进步了许多，但这一系统需要许多清理与维护工作，还会对烘豆机造成高低不一的背压，并且不像后燃器那样有效。若是需要购买空污防治设备，我还是建议购买已经经过时间检验的后燃器。

结语

　　我撰写本书是希望帮助烘豆师避免我自己在学习烘焙过程中遭遇到的一些挫折。我希望读者能将我的建议视为一套自二十余年的多样经验中得来的成功方法，而不是一种静态系统的规则。

　　虽然有许多烘焙咖啡的正规方式，但在业界，至今只有少许关于系统性烘焙方式的公开讨论。我希望本书至少可以抛砖引玉。

词汇表

酸质（acidity）：咖啡中的尖锐度、显明的未熟酸感或是活泼的酸感。

后燃器（afterburner）：将烘豆机排出的废气加热，以消除悬浮微粒与气味的设备。

生物碱（alkaloid）：具有植物生理活性并带有苦味的一群含氮有机化合物。

香气（aroma）：通过嗅觉系统被感知的特质。

涩味（astringency）：吞咽时口腔会感到的皱缩感或干燥感。

焙烤（baked）：烘焙瑕疵之一，会降低咖啡的甜味，造成平淡的风味、纸味与类似谷物的味道。

苦味（bitterness）：尖锐而强烈的味觉感受。

醇厚度（body）：饮用饮料时口腔感受到的重量感与饱满度。

极粗粉（boulder）：咖啡粉粒径分布中粒径最大的咖啡粉。

麻布袋（burlap）：以麻的粗纤维编织缝制而成的织物。

咖啡因（caffeine）：一种带有苦味与兴奋作用的生物碱。

焦糖化反应（caramelization）：可产生许多新化合物的一系列复杂的糖类褐变反应。

碳化（carbonization）：有机物经热解而产生碳的过程。

触媒式焚化器（catalytic oxidizer）：使用贵金属触媒在相对低温下清洁烘焙废气的后燃器。

纤维素（cellulose）：构成植物细胞壁的主要多糖成分。

银皮（silver skin/chaff）：包覆于咖啡种子（咖啡生豆）之外的种皮，在烘焙咖啡豆膨胀时脱落。

投豆（charge）：将咖啡豆装载入烘豆机的滚筒中。

投豆温度（charge temperature）：空转烘豆机在生豆投入滚筒前的空气温度。

咖啡果实（cherry）：咖啡树的果实。

绿原酸（chlorogenic acid）：在咖啡豆中浓度较高的一种多酚类抗氧化剂。

肉桂烘焙（cinnamon roast）：商业烘焙中烘焙度最浅的一级，在一爆初期即停止烘焙。

城市烘焙（city roast）：一种浅烘焙，在一爆末期或一爆正好结束时停止烘焙。

阿拉比卡咖啡（Coffea arabica）：原产于埃塞俄比亚，是种植最广、品质最高的商业树种。

罗布斯塔咖啡（Coffea robusta/Coffea canepfora）：原产于撒哈拉沙漠以南的非洲区域，是强壮但低品质的商业树种。罗布斯塔咖啡的种植数量仅次于阿拉比卡咖啡，但其咖啡因含量约为阿拉比卡咖啡的两倍。

咖啡烘焙机（coffee-roasting machine）：特制的烤炉，以热气流将能量传递给咖啡豆，同时将豆子连续地搅拌，以确保烘焙均匀。

热传导（conduction）：通过直接接触而将热量自一物质传给另一物质。

连续式烘豆机（continuous roaster）：一种高产能烘豆机，咖啡豆在其轴向上的位置，而不是时间，决定了豆子的温度。与批次式烘豆机不同，在连续式烘豆机中，咖啡豆从进入烘豆机到烘焙，再到离开烘豆机是连续进行的。

热对流（convection）：借由流体的运动将热能传递至物质上。

木馏油（creosote）：沉积于烘豆机排烟管内壁上的一种由酚类及其他有机化合物组成的褐色油质液体。

杯测（cupping）：一种系统化并有一定程度标准化的咖啡评估方法。

深烘焙（dark roast）：在二爆开始后才停止，带有烟熏味并有苦味的烘焙。

解除吸附（desorb）：物质自物体表面释放。

烘焙发展（development）：咖啡熟豆纤维素结构崩解的程度。

双层滚筒（double drum）：烘豆机滚筒由两层相隔数毫米的同心圆金属构成。

下豆（drop）：从烘豆机中将咖啡豆取出。

滚筒式烘豆机（drum roaster）：将咖啡豆在滚转的圆柱筒中翻滚的烘豆机。

静电集尘器（electrostatic precipitator）：以带有高电压静电荷的极板吸附微粒的方式，将烘焙废气中的悬浮微粒加以清除的装置。

吸热（endothermic）：需要吸收热能的反应。

瞬间吸热（endothermic flash）： 一爆时豆内水分蒸发造成豆表温度骤降的现象。

环境温度（environmental temperature）： 烘豆机中的空气温度。

放热（exothermic）： 释放热能的反应。

焦面（facing）： 发生于烘焙后期的豆表焦伤。

过度发酵（ferment）： 因微生物降解特定化合物造成的生豆瑕疵风味。

细粉（fine）： 研磨咖啡豆产生的细微细胞壁碎片。

一爆（first crack）： 咖啡烘焙阶段之一，因压力和水蒸气从咖啡豆内释放而发出响亮的爆裂声为此阶段特征。

风味（flavor）： 物质的味觉与香气的总和体验。

浮动床式烘豆机（fluid-bed roaster）： 一种没有滚筒的烘豆机，由热气流将咖啡豆翻搅扬升悬空。

法式烘焙（French roast）： 烘焙直至豆表出油才停止并带有又苦又甜味道的深烘焙。

深城市烘焙（full city roast）： 正好在二爆开始前或是正好二爆刚开

始即停止的中烘焙。

GrainPro：生产用以储存如咖啡生豆等农业产品的气密袋品牌。

散热器（heat sink）：一种能吸收热能的材质。

气密（hermetically）：密封。

高产能烘豆机（high-yield roaster）：能够保留不寻常的高含水率与有机物质的极快速烘豆机。

意式烘焙（Italian roast）：最深的商业烘焙烘焙度，是带有又苦又刺鼻的辛辣味道的咖啡。

浅烘焙（light roast）：于一爆结束前或是正好一爆结束时停止的烘焙，肉桂烘焙与城市烘焙属于此类烘焙。

美拉德反应（Maillard reaction）：氨基酸与还原糖间的化学反应，可产生咖啡的烘焙味与褐色的颜色。

压力计（manometer）：装有液柱管以测量压力的设备。

中烘焙（medium roast）：在二爆开始前或是二爆正好开始时即停止的烘焙，深城市烘焙与维也纳烘焙属于此类烘焙。

口感（mouthfeel）：饮料于口腔中造成的触觉感受。

有机酸（organic acid）：带有酸性的含碳化合物。

感官（organoleptic）：与感觉器官相关的。

刺鼻辛香（pungent）：一种强烈或尖锐的味道或香气，常用于指称辛香料。

热解（pyrolysis）：高温所造成的分解反应。

热辐射（radiation）：用以描述烘焙中热源与邻近物体的热能传递。

升温速率（rate of rise）：在烘焙中，单位时间内豆温的增加程度。

还原糖（reducing sugar）：在美拉德反应中能与氨基酸反应时给予电子的糖类。

咖啡浓度计（refractometer）：用以测量溶液折射率的仪器，咖啡液体的折射率与其密度和浓度直接正相关。

呼吸作用（respiration）：咖啡生豆与其周遭环境的气体交换。

鼻后嗅觉（retronasal olfaction）：由口腔后方至鼻腔嗅闻到的香气。

烘焙曲线（roast profile）：烘焙过程中豆温探针温度读值的图示。

焦斑（scorching）：烘焙初期咖啡豆表面的烧伤。

二爆（second crack）：在深烘焙时因豆体释放二氧化碳而产生响亮爆裂声的烘焙阶段。

缩水率（shrinkage）：咖啡豆因烘焙而产生的失重。

可溶性化合物（soluble chemistry）：咖啡中可溶于水的化学物质。

精品咖啡（specialty coffee）：所有使用高品质阿拉比卡咖啡豆相关的咖啡与咖啡行业。

烟囱效应（stack effect）：空气密度差异导致空气自然向烟囱外流出的现象。

味道（taste）：为舌头所感知的风味。

温度梯度（temperature gradient）：烘焙过程中豆表与豆心的温度差异。

直燃式焚化器（thermal oxidizer）：请参见"后燃器"。

测温延迟（thermometric lag）：测量物质温度时热电偶的测量延迟。

尖端焦伤（tipping）：咖啡豆长轴端的烧伤。

葫芦巴碱（trigonelline）：发现于咖啡的一种带苦味的生物碱，亦称 N - 甲基烟酸内盐。

取样勺（trowel）：装设于烘豆机前面板的小勺子，用以在烘焙时取出豆样。

发展不足（underdeveloped）：形容部分咖啡豆的结构在烘焙中没有充分地被分解。

真空密封（vacuum sealing）：在密封前先将袋内空气移除的包装方式。

维也纳烘焙（Viennese roast）：烘焙至豆表开始出油后停止的中深烘焙。

挥发性香气化合物（volatile aromatic compound）：可提供咖啡香气的可溶性气体。

水活度（water activity, a_w）：物质中的水蒸气分压与标准状况下纯水的蒸气分压的比值。

失重（weight loss）：烘焙过程中咖啡豆所减少的重量。

湿式涤尘器（wet scrubber）：可将烘豆机排气通入借由洒水移除废气中悬浮微粒与气味的装置。

参考文献

1. Johnson, B.; Standiford, K. and Johnson, W.M. (2008) *Practical Heating Technology*, 3rd ed. Cengage Learning, Independence, KY. 106–107.

2. Rivera, J. (2005) Alchemy in the roasting lab. *Roast.* March/April, 32–39.

3. www.coffeechemistry.com/caffeine/caffeine-in-coffee.html.

4. Pittia, P.; Nicoli, M.C. and Sacchetti, G. (2007) Effect of moisture and water activity on textural properties of raw and roasted coffee beans. *Journal of Texture Studies.* 38, 116–134.

5. Petracco, M. (2005) Selected chapters in *Espresso Coffee: the Science of Quality*, edited by Illy, A. and Viani, R. Elsevier Applied Science, New York, NY.

6. Rivera, J. (2005) Alchemy in the roasting lab, part 2. *Roast.* May/June, 35–41.

7. Rivera, J. (2008) Under the microscope: the science of coffee roasting. *Roast.* May/June, 81–90.

8. Schenker, S. (2000) Investigations on the hot air roasting of coffee beans. Swiss Federal Institute of Technology, Zurich.

9. deleted

10. Probat Burns Inc. (2007) Technology with taste. 96th National Coffee Association Convention.

11. Wang, N. (2012) Physiochemical changes of coffee beans during roasting. Masters degree thesis. University of Guelph.

12. Barter, R. (2004) A short introduction to the theory and practice of profile roasting. *Tea & Coffee Trade Journal.* 68, 34–37.

13. www.teaandcoffee.net/0204/coffee.htm.

14. http://www.thefreelibrary.com/_/print/PrintArticle.aspx?id=157587864.

15. Ramey; Lambelet. (1982) A calorimetric study of self-heating in coffee and chicory. *International Journal of Food Science and Technology.* 17; 4, 451–460.

16. Clarke, R. and Vitzthum, O.G. (2001) *Coffee: Recent Developments.* Blackwell Science, Oxford, UK.

17. Duarte, S.M.; Bare, C.M.; Menezes, H.C.; Santos, M.H. and Gouvea, C.M. (2005) Effect of processing and roasting on the antioxidant activity of coffee brews. *Ciência e Tecnologia de Alimentos.* April–June, 387–393.

18. Illy, E. (2002) The complexity of coffee. *Scientific American.* June, 86–91.

19. McGee, H. (2004) *On Food and Cooking.* Scribner, New York, NY.

20. Lingle, T. (1996) *The Coffee Brewing Handbook.* Specialty Coffee Association of America, Long Beach, CA.

21. Ahmed, J. and Rahman, M.S. (2012) *Handbook of Food Process Design.* Wiley & Sons, West Sussex, UK.

22. Farid, M. (2010) *Mathematical modeling of food processing.* CRC Press, Boca Raton, FL.

23. Fabbri, A.; Cevoli, C.; Alessandrini, L. and Romani, S. (2011) Numerical model of heat and mass transfer during the coffee roasting process. *Journal of Food Engineering.* 105, 264–269.

24. http://cooking.stackexchange.com/questions/29926/what-temperaturedoes-the-maillard-reaction-occur.

25. Dias, O.; Helena da Silva Brandão, E.; Landucci, F.L.; Koga-Ito, C.Y. and Jorge, A.O.C. (2007) Effects of *Coffea arabica on Streptococcus mutans*

adherence to dental enamel and dentine. *Brazilian Journal of Oral Sciences.* 6, No. 23 (Oct–Dec), 1438–1441.

26. Adrian, J. and Francine, R. (1991) Synthesis and availability of niacin in roasted coffee. *Advances in Medical Biology.* 289, 49–59.

27. Farah, A.; Monitor, M.; Donangelo, C.M. and Leafy, S. (2008) Chlorogenic acids from green coffee extract are highly bioavailable in humans. *The Journal of Nutrition.* 2309–2315.

28. Schwartzberg, H. (2006) Improving industrial measurement of the temperature of roasting coffee beans. *Proceedings of the 21st International Conference on Coffee Science.*

29. Schwartzberg, H. (2004) Modelling exothermic heat generation during the roasting of coffee. *Proceedings of the 21st International Conference on Coffee Science.*

30. Eggers, R. and von Blittersdorff, M. (2005) Temperature field during the roasting and cooling of coffee beans. *Proceedings of 20th International Conference on Coffee Science.*

31. Shannon, K.S. and Butler, B.W. A Review of error associated with thermocouple temperature measurements in fire environments. USDA Forest Service.

32. Personal communication with Henry Schwartzberg.

33. Stuckey, Barb (2012) *Taste What You're Missing.* Simon & Schuster, New York, NY.

34. Sivetz, M. and Desrosier, N.W. (1979) *Coffee Technology.* Avi Publishing, Westport, CT.

35. Mateus, M.L.; Rouvet, M.; Gumy, J.C. and Liardon, R. (2007) Interactions of water with roasted and ground coffee in the wetting process investigated by a combination of physical determinations. *Journal of Agricultural and Food Chemistry.* 55, 2979–2984.

36. Frothier, I. (2014) Measuring water activity in high-end, specialty green coffee. *Roast.* Jan/Feb.

37. Trugo, L.C. and Marcie, R. (1985) The use of the mass detector for sugar analysis of coffee products. *Proceedings of the 11th ASIC Colloquium.*

38. Montessori, M.C.; Farah, A.S.; Calado, V. and Trugo, L.C. (2006) Correlation between cup quality and chemical attributes of Brazilian coffee. *Analytical, Nutritional, and Clinical Methods.* 98, 373–380.